INTRODUÇÃO À ESTATÍSTICA

AMILTON BRAIO ARA
ANA VILLARES MUSETTI
BORIS SCHNEIDERMAN

INTRODUÇÃO À ESTATÍSTICA

Introdução à Estatística
© 2003 Amilton Braio Ara
　　　　　Ana Villares Musetti
　　　　　Boris Schneiderman
1ª edição – 2003
4ª reimpressão – 2013
Editora Edgard Blücher Ltda.

Blucher

Rua Pedroso Alvarenga, 1245, 4º andar
04531-012 – São Paulo – SP – Brasil
Tel 55 11 3078-5366
contato@blucher.com.br
www.blucher.com.br

É proibida a reprodução total ou parcial por quaisquer meios, sem autorização escrita da Editora.

Todos os direitos reservados pela Editora Edgard Blücher Ltda.

FICHA CATALOGRÁFICA

Ara, Amilton Braio
　　Introdução à Estatística / Amilton Braio Ara, Ana Villares Musetti, Boris Schneiderman – São Paulo: Blucher: Instituto Mauá de Tecnologia, 2003.

　　Bibliografia.
　　ISBN 978-85-212-0320-9

　　1. Estatística – Estudo e ensino 2. Estatística – Problemas, exercícios, etc. I. Musetti, Ana Villares. II. Schneiderman, Boris III. Título.

05-2279　　　　　　　　　　　　　　　CDD-519.507

Índices para catálogo sistemático:
1. Estatística: Estudo e ensino 519.507

APRESENTAÇÃO

O Centro Universitário do Instituto Mauá de Tecnologia e a Editora Edgard Blücher Ltda., em convênio, trazem a público o livro INTRODUÇÃO À ESTATÍSTICA — escrito pelos Professores Amilton Braio Ara, Ana Villares Musetti e Boris Schneiderman.

Este é mais um lançamento bibliográfico que resulta do citado convênio e dá cumprimento a objetivos estatutários do Instituto Mauá de Tecnologia na promoção do ensino técnico e científico em grau universitário e em todos os demais graus, visando a formação de recursos humanos altamente qualificados nos seus campos de atuação, como contribuição ao desenvolvimento social e econômico do país.

Mantido pelo Instituto Mauá de Tecnologia, o Centro Universitário compreende a Escola de Engenharia Mauá, a Escola de Administração Mauá e o Centro de Educação Continuada em Engenharia e Administração.

Os autores, professores da Escola de Engenharia Mauá, reúnem neste trabalho a experiência didática acumulada ao longo de muitos anos de ensino dos conceitos da Estatística para os estudantes de engenharia da Mauá.

O livro apresenta os fundamentos da Estatística e aplicações num formato simples e direto, permitindo ao leitor operar a estatística como ferramenta necessária a profissionais e estudantes de diferentes áreas que coletam e manipulam dados e que devem proceder a análises conclusivas a partir destes dados.

Com a edição da INTRODUÇÃO À ESTATÍSTICA o Centro Universitário do Instituto Mauá de Tecnologia amplia sua contribuição para o desenvolvimento do ensino superior, publicando obras de seus professores.

São Caetano do Sul, 20 de fevereiro de 2003
Prof. Otávio de Mattos Silvares
Reitor
Centro Univeristário do Instituo Maua de Tecnologia

A reprodução do Sofware MINITAB neste livro, foi autorizado pela Minitab Inc.

PREFÁCIO

O presente texto foi escrito com base nas notas de aulas do curso básico de Estatística ministrado na Escola de Engenharia Mauá e tem por objetivo apresentar os conceitos e as técnicas estatísticas, sem a preocupação com o desenvolvimento matemático das mesmas. Dessa forma, o texto é apresentado numa linguagem simples e didática e destina-se principalmente aos alunos de cursos superiores e aos profissionais que necessitam aplicar a Estatística.

Partindo do pressuposto de que a Estatística deve ser apresentada, nos cursos superiores, como uma ferramenta de análise de dados imprescindível aos futuros profissionais, optamos por um texto eminentemente prático, com a utilização de um programa computacional. Dentre os vários programas estatísticos disponíveis no mercado, optamos pelo Minitab, pelo fato de ser um programa desenvolvido com objetivos didáticos e por estar sendo utilizado em outras universidades e em muitas empresas.

O texto contém exemplos de aplicação de cada técnica apresentada, muitas vezes resolvidos com a utilização do Minitab (versão 13.0), e ao final de cada capítulo é proposta uma relação de exercícios, acompanhados das respectivas respostas.

No primeiro capítulo apresentamos as técnicas de organização e descrição de dados. Nos capítulos 2 e 3 estão os conceitos e as principais distribuições de probabilidades, necessárias ao desenvolvimento das técnicas de inferência estatística que compõem os capítulos 4 a 6. Finalizamos o livro com a análise de regressão linear, discutida no capítulo 7.

Agradecemos o apoio dado pelo Instituto Mauá de Tecnologia para a concretização deste trabalho. Agradecemos, ainda, as sugestões e as críticas que nos forem enviadas, no sentido de seu aprimoramento.

Os Autores

VIII

INTRODUÇÃO

A Estatística é a ciência que estuda os métodos de coleta, análise, interpretação e apresentação de dados experimentais. A Estatística Descritiva cuida da organização e descrição dos dados e a inferência estatística se refere à análise e interpretação dos mesmos. As técnicas de inferência estatística usam conceitos de probabilidade e distribuições de probabilidade. As técnicas estatísticas são usadas, então, em pesquisas de todas as áreas do conhecimento (exatas, humanas e biológicas) que envolvam coleta e análises de dados. Existem vários programas (*softwares*) estatísticos que facilitam o uso das técnicas desse ramo de conhecimento. Resta ao pesquisador saber qual a melhor técnica a ser usada e como interpretar seus resultados para tomar as decisões corretas. Neste trabalho usaremos o Minitab, que é um pacote estatístico bastante usado em escolas e empresas por ser amplo e de fácil entendimento.

Outras obras publicadas pelo convênio entre o INSTITUTO MAUÁ DE TECNOLOGIA E A EDITORA EDGARD BLÜCHER LTDA.

- França, L. N. R. e Matsumura, A. Z. *Mecânica Geral*, 2001.
- Freitas, M. *Infra-Estrutura de Pontes de Vigas, Distribuição de ações horizontais, Método geral de cálculo*, 2001.
- Rozenberg, I. M., *Química Geral*, 2002

CONTEÚDO

1. **ESTATÍSTICA DESCRITIVA** 1
   1.1 Tipos de variáveis 1
   1.2 Tabelas de freqüências 1
   1.3 Gráficos 3
   1.4 Medidas de posição 5
      1.4.1 Média aritmética 5
      1.4.2 Mediana 5
      1.4.3 Quartis 5
      1.4.4 Moda 6
   1.5 Medidas de dispersão 7
      1.5.1 Amplitude dos dados 7
      1.5.2 Variância 7
      1.5.3 Desvio padrão 7
      1.5.4 Coeficiente de variação 8
   1.6 Medida de assimetria 8
   1.7 Usando o programa Minitab 9
   1.8 Exercícios 11
   1.9 Respostas 14
2. **CÁLCULO DE PROBABILIDADES** 15
   2.1 Introdução 15
   2.2 Espaço amostral e eventos 16
   2.3 Definição de probabilidade 17
   2.4 Probabilidade condicional 21
   2.5 Teorema da probabilidade total 22
   2.6 Independência 24
   2.7 Exercícios 25
   2.8 Respostas. 28
3. **DISTRIBUIÇÕES DE PROBABILIDADES** 29
   3.1 Variáveis aleatórias 29
   3.2 Variável aleatória discreta — Distribuição de probabilidades 29

3.3	Variável aleatória contínua — Função densidade de probabilidade	30
3.4	Média ou valor esperado de uma variável aleatória	32
3.5	Variância de uma variável aleatória	33
3.6	Distribuição binomial	34
3.7	Distribuição de Poisson	38
3.8	Distribuição exponencial	41
3.9	Distribuição normal	43
3.10	Combinações de normais	46
3.11	Exercícios	47
3.12	Respostas	52

4. INFERÊNCIA ESTATÍSTICA — ESTIMAÇÃO 55

4.1	Estimação de parâmetros	55
4.2	Intervalos de confiança	56
	4.2.1 Intervalos de confiança para a média μ	56
	4.2.2 Intervalo de confiança para a proporção p	59
	4.2.3 Intervalo de confiança para a variância σ^2	60
	4.2.4 Intervalos de confiança unilaterais	62
	4.2.5 Dimensionamento de amostras	63
4.3	Usando o programa Minitab	64
4.4	Intervalos de confiança para comparação de duas populações	65
	4.4.1 Intervalo de confiança para a diferença de duas médias	65
	4.4.2 Intervalo de confiança para a diferença de duas proporções	66
4.5	Usando o programa Minitab	66
4.6	Exercícios	66
4.7	Respostas	69

5. INFERÊNCIA ESTATÍSTICA — TESTES DE HIPÓTESES 71

5.1	Conceitos fundamentais	71
5.2	Testes para a média populacional μ	73
5.3	Teste para a proporção populacional p	78
5.4	Teste para o desvio padrão populacional σ (ou variância σ^2)	79
5.5	Testes para comparação de duas médias	81
	5.5.1 Dados emparelhados	81
	5.5.2 Duas amostras independentes (não emparelhadas)	83
5.6	Teste para comparação de duas proporções	85
5.7	Teste para a comparação de duas variâncias	87
5.8	Teste para a comparação de várias variâncias	90
5.9	Teste para a comparação de várias médias: análise de variância	92
	5.9.1 Suposições básicas para o uso da análise de variância	92
5.10	Usando o programa Minitab	95
5.11	Exercícios	96
5.12	Respostas	101

6. INFERÊNCIA ESTATÍSTICA — TESTES NÃO PARAMÉTRICOS 103

- 6.1 Testes de aderência 103
- 6.2 Teste de independência 110
- 6.3 Usando o programa Minitab 112
- 6.4 Exercícios 113
- 6.5 Respostas 115

7. CORRELAÇÃO E REGRESSÃO LINEAR 117

- 7.1 Introdução 117
- 7.2 Correlação 117
- 7.3 Regressão 122
- 7.4 Regressão linear simples 122
    - 7.4.1 Estimação do modelo 123
    - 7.4.2 Decomposição das somas de quadrados e coeficiente de determinação 125
    - 7.4.3 Testes de hipóteses sobre os parâmetros do modelo 126
    - 7.4.4 Análise de variância 128
    - 7.4.5 Intervalos de confiança 129
    - 7.4.6 Funções linearizáveis 130
- 7.5 Regressão linear múltipla 131
    - 7.5.1 Introdução 131
    - 7.5.2 Estimação dos parâmetros 131
    - 7.5.3 Análise de variância 132
    - 7.5.4 Coeficiente de determinação 133
    - 7.5.5 Análise de melhoria 136
- 7.6 Exercícios 139
- 7.7 Respostas 143

Tabela 1   Distribuição normal 145

Tabela 2   Distribuição t de student 146

Tabela 3   Distribuição Qui-Quadrado (χ^2) 147

Tabela 4   Distribuição F (para P = 5%) 148

Tabela 5   Distribuição F (para P = 2,5%) 149

Tabela 6   Distribuição F (para P = 1%) 150

Tabela 7   Distribuição F (para P = 0,5%) 151

Referências bibliográficas 152

1 ESTATÍSTICA DESCRITIVA

1.1 Tipos de variáveis

Suponhamos que nosso interesse se volte para uma certa característica (variável) de determinado grupo de elementos. Essa variável pode ser:

a) *qualitativa,* quando resulta de uma classificação por tipos ou atributos, exemplos: profissão, nacionalidade, grau de instrução, qualidade da peça produzida (boa ou defeituosa), etc;

b) *quantitativa,* quando seus valores indicam quantidade, que pode ser:

- discreta, quando seus valores possíveis formam um conjunto enumerável, finito ou infinito, isto é, assumem valores inteiros, como número de peças defeituosas por lote, número de acidentes de trabalho por mês, etc.;

- contínua, quando assume qualquer valor dentro de um certo intervalo de variação (envolve um processo de mensuração). Exemplos: peso, altura, pressão, volume, tempo, renda, etc.

A técnica estatística a ser usada deve estar adequada ao tipo de variável.

1.2 Tabelas de freqüências

Consideremos um conjunto de n observações de uma variável X em estudo. Comecemos com algumas definições.

- A *freqüência absoluta* f_i de um dado valor x_i da variável X é o número de vezes que esse valor é observado.

- A *freqüência relativa* ou *proporção* p'_i de um valor x_i da variável X é o quociente entre sua freqüência absoluta e o número total de observações n.

Dessas definições decorrem os resultados imediatos:

$$p'_i = \frac{f_i}{n} \qquad \sum f_i = n \qquad \sum p'_i = 1$$

- A *freqüência acumulada* F_i até o valor x_i da variável X é a soma das freqüências absolutas dos valores menores que ou iguais a x_i. Pode-se calcular também a freqüência relativa acumulada.

Quando apresentamos os dados ordenados numa tabela com as respectivas freqüências, temos a *distribuição de freqüências* ou *tabela de freqüências* do conjunto de dados observados.

Exemplo 1.1

Seja X = número de defeitos por peça produzida em um lote de 16 peças, representadas pelos valores a seguir:

1 1 3 1 2 2 2 2 0 0 0 0 0 1 0 2

A distribuição de freqüências desses dados é:

x_i (N.º de defeitos por peças)	f_i (Número de peças)
0	6
1	4
2	5
3	1
Total	16

No caso de variáveis discretas com grande número de observações ou no caso de variáveis contínuas, a distribuição de freqüências costuma ser apresentada com os dados divididos em classes de freqüências, ou seja, os valores observados são divididos em k classes (ou subintervalos), cada uma com amplitude h ou i (geralmente é conveniente que todas as classes tenham a mesma amplitude, mas isso não é obrigatório). Quanto ao número k de classes, pode-se utilizar o número de observações n como referência, ou seja, pode-se adotar a relação $k \cong \sqrt{n}$. Geralmente quando se usa um pacote estatístico no computador, ele já tem um critério especificado para o número adequado de classes.

Exemplo 1.2

Seja X = idade, em anos, de um grupo de pessoas com 30 anos ou mais, e sejam estes os valores observados:

35 42 33 59 63 31 55 42 77 74 54 66 44 41 33 39

48 50 41 31 65 70 36 40 40 52 62 58 39 37 58 62

Notamos que nesse grupo de 32 pessoas, a pessoa mais jovem tem 31 anos e a mais velha tem 77 anos, ou seja, a amplitude dos dados é de 77 − 31 = 46 anos. Esses 46 anos devem ser divididos em aproximadamente $\sqrt{32} \cong 6$ classes, devendo ser dada a cada classe a amplitude de 46 ÷ 6 ≅ 8 anos. A tabela de classes de freqüências ficaria então:

Idade (em anos)	f_i
30 ⊢ 38	7
38 ⊢ 46	9
46 ⊢ 54	3
54 ⊢ 62	5
62 ⊢ 70	5
70 ⊢ 78	3
Total	32

Observe que, por exemplo, a classe de 30 ⊢ 38 inclui os valores de 29,5 até 37,5. Essa correção deve ser feita sempre que a variável é contínua, pois ela pode assumir qualquer valor dentro do intervalo de variação. A resposta $x = 37$, por exemplo, representa todos os valores de 36,5 até 37,5. O valor 38 entra, portanto, na classe seguinte. Os limites 30 e 38 são chamados *limites aparentes*, e 29,5 e 37,5 são os chamados *limites reais*, e analogamente com relação às outras classes da tabela.

1.3 Gráficos

Podemos representar a distribuição de freqüências de uma variável por meio de gráficos, colocando, geralmente, os valores da variável no eixo horizontal e as freqüências (absolutas, relativas ou acumuladas) no eixo vertical. A forma do gráfico varia com o tipo da variável em estudo. Variáveis qualitativas podem ser apresentadas em *gráficos circulares* (gráficos de "pizza") ou em *diagrama de barras*. Variáveis quantitativas discretas podem ser apresentadas em *diagrama de barras* e, para as contínuas, é usado o *histograma* (diagrama com barras unidas) e/ou o *polígono de freqüências*, que une os pontos médios das classes de freqüências.

Alguns tipos de gráficos:

1) Gráfico circular

   Preferência por tipo de carro

Tipo de carro	Freqüência
Tipo 1	15
Tipo 2	10
Tipo 3	13
Tipo 4	22
Total	60

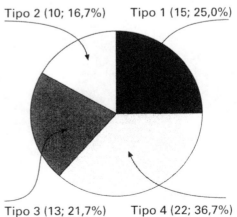

2) Gráfico de barras

x_i (Número de defeitos por peça)	f_i (Número de peças)
0	6
1	4
2	5
3	1
Total	16

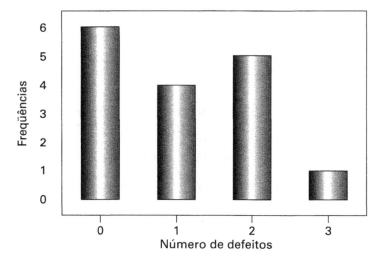

3) Histograma

Usando o exemplo 1.2 da variável x = idade de um grupo de pessoas com 30 anos ou mais:

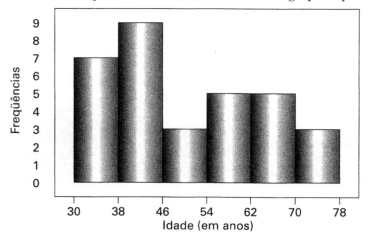

Os gráficos e as tabelas de freqüências dão uma boa visualização da forma da distribuição da variável. Para quantificarmos alguns aspectos dessa distribuição, definimos algumas medidas.

1.4 Medidas de posição

As medidas de posição procuram indicar o centro da distribuição de freqüências (a média e a mediana) e a região de maior concentração de freqüências (a moda).

Sejam n observações de uma variável X.

1.4.1 Média aritmética

É indicada por $\bar{x}$ e definida por:

$$\bar{x} = \frac{\sum_{i=1}^{n} x_i}{n} = \sum x_i p'_i$$

Propriedades da média:

1) quando somamos ou subtraímos uma constante a todos os valores da variável, a média da nova variável fica somada ou subtraída pela constante;
2) quando multiplicamos ou dividimos todos os valores da variável por uma constante, a média da nova variável fica multiplicada ou dividida pela constante.

1.4.2 Mediana

É indicada por M_d. É o valor da variável que ocupa a posição central quando os dados estão ordenados, ou seja, 50% dos dados ficam abaixo da mediana e 50% ficam acima da mediana.

Exemplo 1.3

Dados: 4 2 1 8 5 4 2 1 2 3 2
Dados ordenados: 1 1 2 2 **2** 3 4 4 5 8

O valor que ocupa a posição central é o valor 2. Portanto a mediana é $M_d = 2$.

Exemplo 1.4

Dados: 4 2 1 8 5 3 5 4 3 1
Dados ordenados: 1 1 2 3 **3 4** 4 5 5 8

Os valores que ocupam as posições centrais são os valores 3 e 4. Portanto a mediana está entre 3 e 4, ou seja, $M_d = 3{,}5$.

1.4.3 Quartis

Dividem a distribuição em quatro partes, ou seja, com os dados ordenados, definimos:

1º quartil: o valor que deixa 25% dos dados abaixo dele e 75% acima dele;
2º quartil: o valor que deixa 50% dos dados abaixo dele e 50% acima dele, ou seja, é a mediana;
3º quartil: o valor que deixa 75% dos dados abaixo dele e 25% acima dele.

Generalizando: *percentil* P_k é o valor que deixa k% dos dados abaixo dele e $(100 - k)$% acima dele.

1.4.4 Moda

É indicada por M_o. É o valor (ou valores) de máxima freqüência. Essa freqüência máxima deve ser entendida de forma equivalente ao conceito de ponto de máximo de função: sempre que a freqüência cresce e depois decresce, ela passa por um ponto de máxima freqüência. Logo, uma distribuição pode ter duas modas (bimodal) ou mais.

Exemplo 1.5

Dados: 3 4 3 2 3 2

A moda é $M_o = 3$

Exemplo 1.6

Dados: 3 4 3 4 2 1

As modas são $M_{o1} = 3$ e $M_{o2} = 4$

Observação:

Outro gráfico que é bastante usado é o *boxplot*, que é construído a partir de 5 valores: valor mínimo, 1º quartil, mediana, 3º quartil e valor máximo.

Exemplo 1.7

Usando os dados do exemplo 1.2, o *boxplot* ficaria:

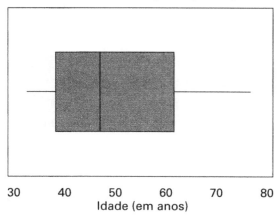

O retângulo da região central tem o objetivo de destacar os valores centrais que estão entre $Q_1 = 39$ e $Q_3 = 61$. O traço que aparece dentro do retângulo destaca o valor da mediana $M_d = 46$. As extremidades dos segmentos de reta horizontais indicam os valores máximo e mínimo.

1.5 Medidas de dispersão

Quantificam a variabilidade (ou dispersão) dos dados.

1.5.1 Amplitude dos dados

É indicada por R e é a diferença entre o maior e o menor valor do conjunto de n observações.

1.5.2 Variância

É indicada por s^2 e representa a variabilidade em torno da média da variável, ou seja, consideram-se as diferenças $(x_i - \bar{x})$ e calcula-se a média dos quadrados dessas diferenças:

$$\frac{\sum_{i=1}^{n}(x_i - \bar{x})^2}{n}$$

Se os dados representarem uma amostra (e não toda a população), a expressão acima deve ser usada colocando-se $(n-1)$ no denominador, ou seja:

$$s^2 = \frac{\sum_{i=1}^{n}(x_i - \bar{x})^2}{n-1} = \frac{\sum x_i^2 - \dfrac{\left(\sum x_i\right)^2}{n}}{n-1}$$

Como geralmente os dados analisados são de amostra, esta segunda expressão é a mais usada.

Propriedades da variância:

1) multiplicando-se (ou dividindo-se) a variável por uma constante, a variância fica multiplicada (ou dividida) pelo quadrado da constante;
2) somando-se ou subtraindo-se uma constante à variável, a variância não se altera.

1.5.3 Desvio padrão

É indicado por s. É a raiz quadrada da variância, ou seja:

$$s = \sqrt{\frac{\sum_{i=1}^{n}(x_i - \bar{x})^2}{n-1}}$$

Observação:

Note que, quando os dados estão em tabelas de classes de freqüências, ou seja, não dispomos mais dos dados originais, os valores das medidas de posição e dispersão podem ser obtidos por meio de um valor aproximado, se considerarmos que cada classe de freqüências pode ser representada pelo ponto médio da classe. O ponto médio deve ser calculado considerando-se a correção de meia unidade da medida de precisão usada. Por exemplo, na classe de 30 ⊢— 38, o ponto médio seria $\frac{29,5+37,5}{2} = 33,5$. Fazendo x_i como o ponto médio da classe i e sabendo-se que temos k classes de freqüências, podemos calcular, por exemplo, a média dos dados por:

$$\overline{x} = \frac{\sum_{i=1}^{k} x_i f_i}{n}$$

onde f_i é a freqüência da classe i.

Para o desvio padrão, no caso de tabelas de freqüências, a fórmula ficaria

$$s = \sqrt{\frac{\sum x_i^2 f_i - \frac{\left(\sum x_i f_i\right)^2}{n}}{n-1}}$$

Com o uso do computador, os dados sempre estão disponíveis e esses cálculos aproximados se tornam desnecessários, a não ser que só nos sejam fornecidos já agrupados em classes.

1.5.4 Coeficiente de variação

É indicado por CV. Uma pequena dispersão absoluta dos dados pode ser considerável quando comparada à ordem de grandeza dos valores da variável. Para perceber o tamanho real da dispersão dos dados define-se, então, o coeficiente de variação:

$$CV = \frac{s}{\overline{x}}$$

ou seja, CV é uma medida adimensional, geralmente expressa em porcentagem, isto é, 100·CV indica que porcentagem o desvio padrão representa em relação à média.

1.6 Medida de assimetria

É uma medida usada para quantificar a assimetria da distribuição de um conjunto de dados. Pearson definiu um coeficiente de assimetria que é indicado por A e dado por:

$$A = \frac{\overline{x} - M_o}{s}$$

se $|A| < 0,15$, considera-se a distribuição simétrica;
se $0,15 \leq |A| \leq 1$, considera-se a distribuição moderadamente assimétrica;
se $|A| > 1$, considera-se a distribuição fortemente assimétrica.

Em muitos casos já se considera a distribuição fortemente assimétrica se $|A| > 0,7$.

Observação:

Caso não se tenha a moda e a distribuição pareça levemente assimétrica, pode-se calcular A com a mediana pela fórmula:

$$A = \frac{3(\bar{x} - M_d)}{s}$$

Exemplo 1.8

Usando os dados do exemplo 1.1 temos:

x_i (Número de defeitos por peça)	f_i (Número de peças)
0	6
1	4
2	5
3	1
Total	16

$$\bar{x} = \frac{\sum xf}{n} = \frac{0 \times 6 + 1 \times 4 + 2 \times 5 + 3 \times 1}{16} = \frac{17}{16} = 1,06 \text{ defeitos}$$

$$\sum x^2 f = 0 \times 6 + 1 \times 4 + 4 \times 5 + 9 \times 1 = 33$$

$$s = \sqrt{\frac{\sum x^2 f - \frac{(\sum xf)^2}{n}}{n-1}} = \sqrt{\frac{33 - \frac{17^2}{16}}{15}} = 0,998 \text{ defeito por peça}$$

$M_d = 1$ Como $n = 16$, a M_d é o valor que está entre a 8ª e a 9ª posições.

Pelas freqüências f_i obtem-se que $M_d = 1$.

$M_0 = 0$ é o valor de maior freqüencia

$$CV = \frac{0,998}{1,06} = 0,9415 = 94,15\%$$

$$A = \frac{1,06 - 0}{0,998} = 1,062 \Rightarrow \text{distribuição fortemente assimétrica}$$

1.7 Usando o programa Minitab

As medidas vistas acima podem ser obtidas no Minitab usando-se os comandos:

```
Stat
Basic Statistics
Display Descriptive Statistics
```

Exemplo 1.9

Considere que algumas das medidas dadas pelo Minitab não tenham sido vistas ainda. Usando os dados do exemplo 1.2, obteríamos no Minitab:

```
Descriptive Statistics
Variable    N        Mean      Median      TrMean     StDev      SE Mean
idade       32       49,28     46,00       48,71      13,37      2,36
Variable    Minimum  Maximum   Q1          Q3
idade       31,00    77,00     39,00       61,25
```

onde: Mean   = média dos dados
        Median = mediana
        TrMean = média ajustada eliminando-se valores extremos
        StDev   = desvio padrão
        SE Mean = desvio padrão da média ($s/\sqrt{n}$)

A análise descritiva completa, com gráficos e medidas, também pode ser obtida no Minitab:
     Stat
     Basic Statistics
     Display Descriptive Statistics

Clicando em *Graphs* aparece a janela abaixo.

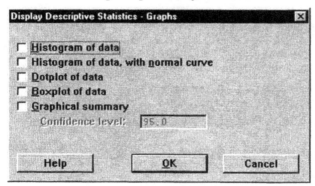

Clicando a opção *Graphical summary* obtemos a saída abaixo:

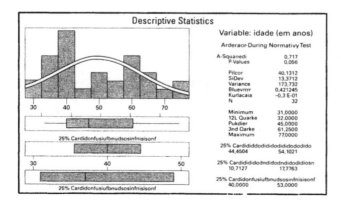

Para se obter cada um dos gráficos individualmente podemos usar os comandos:

Graph
Chart → gráfico de barras para variáveis discretas
Histograma → gráfico de barras para variáveis contínuas
Pie Chart → gráfico circular

1.8 Exercícios

1. A tabela abaixo indica o número de empresas por município da região da Grande São Paulo.

Município	Número de empresas
Santo André	1 311
São Bernardo do Campo	1 792
São Caetano do Sul	696
Diadema	1 581
Outros	920

Construa o diagrama circular para essa tabela usando o Minitab.

2. Os dados abaixo apresentam os valores (em kg) das massas de 77 alunos de um curso de engenharia.

70	82	65	85	70	77	59	96
129	90	100	70	70	85	70	70
71	64	58	74	65	60	70	50
58	68	103	54	90	85	64	72
74	66	74	67	57	74	55	67
58	90	79	70	60	65	80	96
111	85	105	63	61	90	88	72
80	67	79	63	90	70	92	81
70	90	75	72	72	68	70	75
55	57	80	75	80			

a) Adotando $k = 8$ classes de freqüências, construa a tabela de classes de freqüências.

b) Usando o Minitab construa o histograma da tabela obtida no item a) e o gráfico de freqüências acumuladas.

c) Faça a análise descritiva dos dados usando o Minitab.

3. Lendo uma monografia preparada por um aluno, um professor selecionou ao acaso 30 páginas da mesma e anotou o número de erros de digitação encontrados por página.

1	2	2	3	4	0	0	0	4	0
2	1	1	1	0	0	1	2	3	1
0	0	0	0	1	1	2	2	3	2

Digite esses dados no Minitab e peça:

a) a tabela de freqüências do número de erros por página;

b) o diagrama de barras;

c) a análise descritiva para estes dados;

d) Qual o número total de erros que o professor espera encontrar na leitura da monografia, se essa tem 250 páginas?

4. Em cada uma das 120 peças de uma amostra tirada de um lote de produção foi medido o diâmetro x (em cm) e foi calculado o coeficiente de variação, que resultou igual a 12%. Analisando-se o histograma e o polígono de freqüências, construídos para essa amostra, foi possível verificar que havia um único ponto de máximo que correspondia à abscissa x = 10,53 cm. Além disso, obteve-se que

Σx^2 = 12 588,587 6 cm^2

Calcule o coeficiente de assimetria de Pearson e classifique a distribuição dos diâmetros quanto à assimetria.

5. Uma amostra de uma certa espécie de plantas forneceu os seguintes dados sobre as massas (x, em quilogramas) medidas das planta dessa amostra:

$\Sigma(x - \bar{x})^2$=153,760 0 $\bar{x}$ = 8,00 Σx^2 = 1 817,760 0

Por outro lado, uma amostra, bem maior dessa vez, forneceu as seguintes informações sobre as alturas (y, em centímetros) das plantas dessa espécie:

a) a distribuição de y era unimodal, levemente assimétrica (A de Pearson igual a 0,23 em valor absoluto);

b) moda = 150,40 cm e mediana = 141,25 cm.

Essa espécie de plantas aparenta ser mais uniforme em relação às massas ou às alturas? Justifique sua resposta.

6. Foi tomada uma amostra de 100 peças de uma linha de produção e foram medidas as massas (x, em quilogramas) destas peças. Verificou-se que a distribuição de x era unimodal e com coeficiente de assimetria de Pearson igual a –0,25. Além disso verificou-se que 50% das massas eram inferiores a 14,30 kg e que

$\Sigma(x - \bar{x})^2$ = 570,24 kg^2

Qual seria o valor esperado para a massa total de um lote de 1 430 dessas peças?

7. Os dados abaixo representam os salários (em número de salários mínimos), de 40 funcionários do setor administrativo de uma empresa A.

Faixa salarial (em salários mínimos)	Freqüência Relativa
1 ⊢ 6	0,10
6 ⊢ 11	0,15
11 ⊢ 16	0,30
16 ⊢ 21	0,25
21 ⊢ 26	0,15
26 ⊢ 31	0,05

Em uma outra empresa B, uma amostra de funcionários do setor administrativo forneceu a seguinte análise descritiva para a variável salário (em salários mínimos), obtida utilizando-se o programa Minitab:

Descriptive Statistics

```
Variable      N        Mean      Median     StDev
Salário       50       21,48     19,50      8,73

Variable      Minimum  Maximum   Q1         Q3
Salário       3,00     38,00     17,25      28,00
```

a) Em qual das duas empresas (A ou B) a distribuição dos salários do setor administrativo aparenta ser mais homogênea?

b) Indique, para a empresa B, uma faixa salarial central dentro da qual estão os salários de metade dos funcionários do setor administrativo.

8. As massas (em g) de uma amostra de unidades experimentais do tipo I apresentaram a análise descritiva abaixo, dada pelo programa Minitab:

```
Variable      N        Mean      Median     StDev
Massa         40       49,238    49,000     2,582

Variable      Minimum  Maximum   Q1         Q3
Massa         42,800   53,400    47,275     51,425
```

Das massas (x, em g) de uma outra amostra, agora de unidades experimentais do tipo II, obtiveram-se somente dados parciais:

$\Sigma x^2 = 11\,621,912\,1\,g^2$ $\Sigma(x-\bar{x})^2 = 119,349\,6\,g^2$ $\Sigma x = 536,25\,g$

a) Encontre o tamanho da segunda amostra.

b) Verifique para qual tipo (I ou II) a distribuição das massas é mais uniforme. Justifique sua resposta.

1.9 Respostas

4. A = –0,295 1; moderadamente assimétrica
5. Em relação às massas, pois CV_x = 31% e CV_y = 43,66%
6. 20 163 kg
7. a) Na empresa B
   b) Entre 17,25 e 28,00 salários mínimos
8. a) 25 unidades
   b) Para a amostra do tipo I, porque tem o menor CV.

2 CÁLCULO DE PROBABILIDADES

2.1 Introdução

A teoria da probabilidade surgiu no século XVII, na França, com o estudo dos jogos de azar feito por dois grandes matemáticos, Blaise Pascal e Pierre Fermat. Tornou-se um importante ramo da Matemática, adequado ao estudo dos fenômenos aleatórios, ou seja, regidos pela lei do acaso, e é uma ferramenta fundamental ao estudo da Estatística.

O aleatório, o casual, os jogos de azar nunca haviam sido temas familiares à Filosofia e à Ciência, por mais de dois milênios, desde Aristósteles na Grécia. Apenas em meados do século XVII, com o desenvolvimento da teoria da probabilidade, os fenômenos aleatórios passaram a ser estudados matematicamente e a probabilidade foi estendida à análise de dados e à inferência estatística, para ser então aplicada às mais variadas áreas do conhecimento e a todas as situações em que se desejava inferir conclusões sobre dados numéricos. O conceito de probabilidade tem grande importância por desempenhar uma função indispensável nos julgamentos práticos de nossa vida cotidiana e nos procedimentos seguidos pela Ciência Natural.

Podemos classificar um fenômeno ou um experimento como determinístico ou aleatório. Dizemos que um experimento é determinístico se, quando repetido várias vezes, sob as mesmas condições, produz sempre o mesmo resultado. Por exemplo, se observarmos 10 recipientes iguais com água, quando aquecidos à temperatura de 100 graus centígrados, sob pressão atmosférica de 760 mmHg, verificamos que a água de todos os recipientes entra em ebulição. Por outro lado, um experimento aleatório é aquele cujo resultado não pode ser previsto: sabemos apenas quais são os seus possíveis resultados. Experimentos envolvendo fenômenos aleatórios dependem de vários fatores que são regidos pela lei do acaso e cujos resultados não podem ser previstos com certeza.

São fenômenos aleatórios:

a) o resultado no lançamento de uma moeda;
b) o resultado no lançamento de um dado;
c) o número de peças defeituosas num lote de 100 unidades produzidas por uma máquina;
d) o tempo de duração de uma lâmpada elétrica;
e) o volume de água tratada consumida por dia em uma determinada região da cidade de São Paulo.

2.2 Espaço amostral e eventos

Chamamos de espaço amostral de um experimento aleatório o conjunto de todos os resultados possíveis desse experimento. Indicaremos o espaço amostral por S. Os elementos de S são chamados pontos amostrais.

Os espaços amostrais associados aos experimentos aleatórios anteriormente mencionados são:

a) $S = \{c, \overline{c}\}$, onde c = cara e $\overline{c}$ = coroa;
b) $S = \{1, 2, 3, 4, 5, 6\}$;
c) $S = \{0, 1, 2, \ldots 100\}$;
d) $S = \{x \in R \mid x \geq 0\}$;
e) $S = \{x \in R \mid x \geq 0\}$.

Chamamos de evento a qualquer subconjunto do espaço amostral. Dois casos extremos de eventos são o próprio espaço amostral S (evento certo) e o conjunto vazio ϕ (evento impossível).

Eventos que contêm um único ponto amostral são chamados eventos simples, enquanto aqueles que possuem pelo menos dois pontos amostrais são chamados eventos compostos. Dizemos que um evento ocorre se acontecer pelo menos um de seus pontos amostrais.

Como os eventos são conjuntos, podemos aplicar aos mesmos as operações usuais dos conjuntos. Isto é:

O evento reunião $A \cup B$ ocorrerá se pelo menos um dos eventos A ou B ocorrer.

$$A \cup B = \{x \mid x \in A \text{ ou } x \in B\}$$

O evento intersecção $A \cap B$ ocorrerá se ambos os eventos A e B ocorrerem.

$$A \cap B = \{x \mid x \in A \text{ e } x \in B\}$$

O evento complementar $\overline{A}$ ocorrerá se A não ocorrer.

$$\overline{A} = \{x \mid x \notin A\}$$

O evento diferença $A - B$ ocorrerá se A ocorrer e B não ocorrer.

$$A - B = \{x \mid x \in A \text{ e } x \notin B\}$$

No exemplo b) (lançamento de um dado), consideremos os eventos abaixo:

O evento A, que consiste em observar face par.

$$A = \{2, 4, 6\}$$

O evento B que consiste em observar face maior que 4.
$$B = \{5, 6\}$$
O complementar de um evento B é o evento
$$\bar{B} = \{1, 2, 3, 4\}$$
Os eventos $B \cup \bar{B}$ e $B \cap \bar{B}$ são, respectivamente, o evento certo e o evento impossível.

Dizemos ainda que dois eventos A e B são mutuamente exclusivos se $A \cap B = \phi$.

No exemplo anterior B e $\bar{B}$ são mutuamente exclusivos.

Se tivermos n eventos $A_1, A_2, \ldots A_n$ mutuamente exclusivos, isto é, se $A_i \cap A_j = \phi$, para todo $i \neq j$ e se $A_1 \cup A_2 \cup \ldots A_n = S$, diremos que esses eventos formam uma partição de S.

São válidas ainda, para os eventos, as seguintes propriedades dos conjuntos:
1. $A \cup B = B \cup A$
2. $A \cup (B \cup C) = (A \cup B) \cup C$
3. $A \cap B = B \cap A$
4. $A \cap (B \cap C) = (A \cap B) \cap C$
5. $A \cap (B \cup C) = (A \cap B) \cup (A \cap C)$
6. $A \cup (B \cap C) = (A \cup B) \cap (A \cup C)$
7. $A - B = A \cap \bar{B}$
8. $A \cup \phi = A$
9. $A \cup S = S$
10. $\overline{A \cup B} = \bar{A} \cap \bar{B}$
11. $\overline{A \cap B} = \bar{A} \cup \bar{B}$

2.3 Definição de probabilidade

Para se calcular as chances de ocorrência de cada um dos possíveis resultados de um experimento aleatório, define-se a probabilidade como uma função P que associa a cada evento de um espaço amostral S um número real, obedecendo aos seguintes axiomas do cálculo de probabilidades:

1.º) $0 \leq P(A) \leq 1$, para todo evento A de S;

2.º) $P(S) = 1$;

3.º) se $A_1, A_2, \ldots A_n$ são eventos mutuamente exclusivos, então:
$$P(A_1 \cup A_2 \cup \ldots A_n) = P(A_1) + (P(A_2) + \ldots + P(A_n).$$

Decorrem da definição as seguintes propriedades:

1.ª) $P(\phi) = 0$;

2.ª) para todo evento A de S, $P(A) = 1 - P(\bar{A})$;

3.ª) se A e B são dois eventos quaisquer de S, então:
$$P(A \cup B) = P(A) + P(B) - P(A \cap B).$$

De fato, sendo $A \cup B = A \cup (B - A) = A \cup (B \cap \bar{A})$, temos:

$$P(A \cup B) = P(A) + P(B \cap \bar{A}) = P(A) + P(B) - P(A \cap B).$$

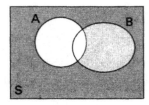

Para se atribuir valores às probabilidades de ocorrências dos vários eventos de um espaço amostral, consideremos o caso mais simples de um experimento aleatório que admite n resultados distintos, *sendo todos igualmente prováveis*, isto é, se $S = \{A_1, A_2, \ldots A_n\}$ e $P(A_i) = \frac{1}{n}$, $i = 1, 2, \ldots n$, então poderemos utilizar a definição clássica de probabilidade expressa abaixo.

A probabilidade de um evento A de S é definida por

$$P(A) = \frac{n_A}{n},$$

onde: n_A é o número de resultados favoráveis ao evento A;
n é o número total de resultados possíveis.

Verifica-se facilmente que essa definição satisfaz os axiomas do cálculo de probabilidades, no caso particular em que se assumem probabilidades iguais para cada evento simples.

No caso geral, em que não se possam assumir iguais probabilidades aos vários resultados possíveis de um experimento aleatório, a probabilidade de um evento pode ser calculada pela freqüência relativa de sua ocorrência em um número grande de realizações do experimento. Então, se um experimento aleatório puder ser repetido muitas vezes, sob as mesmas condições, poderemos adotar o seguinte procedimento empírico: definimos a probabilidade de um evento A como o valor da freqüência relativa de vezes que sua presença foi observada no experimento.

Consideremos os seguintes exemplos de aplicação da definição clássica de probabilidade, para experimentos com resultados igualmente prováveis.

Exemplo 2.1

No lançamento de um dado, seja A o evento "ocorrer face par". Temos:

$S = \{1, 2, 3, 4, 5, 6\}$ $n = 6$

$A = \{2, 4, 6\}$ $n_A = 3$

Logo,

$$P(A) = \frac{3}{6} = \frac{1}{2}$$

Exemplo 2.2

No lançamento de uma moeda três vezes, calculemos a probabilidade de ocorrer pelo menos uma cara.

Sendo A o evento "não ocorrer nenhuma cara", temos:

$S = \{(c\ c\ c), (\bar{c}\ c\ c), (c\ \bar{c}\ c), (c\ c\ \bar{c}), (\bar{c}\ \bar{c}\ c), (\bar{c}\ c\ \bar{c}), (c\ \bar{c}\ \bar{c}), (\bar{c}\ \bar{c}\ \bar{c})\}$, $n = 8$

$A = \{(\bar{c}\ \bar{c}\ \bar{c})\}$, $n_A = 1$

Logo, $P(A) = \frac{1}{8}$ e, sendo $\bar{A}$ o evento "ocorrer pelo menos uma cara", temos:

$$P(\bar{A}) = 1 - P(A) = 1 - \frac{1}{8} = \frac{7}{8}$$

Exemplo 2.3

No lançamento de dois dados distintos, indique a probabilidade dos seguintes eventos:

a) duas faces pares;
b) soma das faces igual a 6;
c) soma das faces igual a 6 ou duas faces pares;
d) pelo menos uma face ímpar.

O espaço amostral é:

$$S = \begin{cases} (1\ 1), (1\ 2)\ldots (1\ 6) \\ (2\ 1), (2\ 2)\ldots (2\ 6) \\ \vdots \\ (6\ 1), (6\ 2)\ldots (6\ 6) \end{cases}$$

cujo número de elementos é $n = 36$.

Sejam os eventos

$A =$ "duas faces pares" e
$B =$ "soma das faces igual a 6",

temos :

a) $A = \{(2\ 2), (2\ 4), (2\ 6), (4\ 2), (4\ 4), (4\ 6), (6\ 2), (6\ 4), (6\ 6)\}$

logo $n_A = 9$ e

$$P(A) = \frac{9}{36} = \frac{1}{4}$$

b) $B = \{(1\ 5), (2\ 4), (3\ 3), (4\ 2), (5\ 1)\}$

logo $n_B = 5$ e

$$P(B) = \frac{5}{36}$$

c) Devemos calcular a probabilidade da reunião dos eventos A e B, não mutuamente exclusivos, pois $A \cap B = \{(2\ 4), (4\ 2)\}$, logo:

$$P(A \cup B) = P(A) + P(B) - P(A \cap B) = \frac{9}{36} + \frac{5}{36} - \frac{2}{36} = \frac{1}{3}$$

d) Sendo C o evento "pelo menos uma face ímpar", temos:

$$P(C) = P(\overline{A}) = 1 - P(A) = 1 - \frac{1}{4} = \frac{3}{4}$$

Exemplo 2.4

Uma caixa tem três bolas brancas e duas bolas pretas. Extraindo-se, ao acaso, duas bolas simultaneamente, calcular a probabilidade de serem:

a) uma de cada cor;
b) ambas da mesma cor.

Sendo a composição da caixa 3 bolas brancas e 2 pretas, indicando-as respectivamente por b_1, b_2, b_3 e p_1, p_2, temos as seguintes possibilidades de extrações de bolas:

$S = \{(b_1\ b_2),(b_1\ b_3), (b_1\ p_1), (b_1\ p_2), (b_2\ b_3), (b_2\ p_1), (b_2\ p_2), (b_3\ p_1), (b_3\ p_2), (p_1\ p_2)\}$

Isto é, temos um número total de $n = 10$ possibilidades distintas.

Como as duas bolas são extraídas simultaneamente e, portanto, a ordem das mesmas não é considerada, o número total de possibilidades poderia ser calculado pelo número de combinações de 5 elementos tomados 2 a 2, dado por:

$C_{5,2} = \binom{5}{2} = 10$

Lembremos que o número de combinações de n elementos, tomados k a k, é calculado por:

$$C_{n,k} = \binom{n}{k} = \frac{n!}{(n-k)!\,k!}$$

onde $n!$ é o fatorial de n, igual ao número de permutações de n elementos, dado por:

$n! = n\,(n-1)(n-2)\ldots 3.2.1$

Sendo os eventos

A = "uma bola de cada cor" e
B = "ambas as bolas da mesma cor",

temos:

a) $A = \{(b_1\ p_1),(b_1\ p_2), (b_2\ p_1), (b_2\ p_2), (b_3\ p_1), (b_3\ p_2)\}$

isto é:

$n_A = \binom{3}{1} \cdot \binom{2}{1} = 3.2 = 6$ possibilidades, logo:

$$P(A) = \frac{6}{10} = \frac{3}{5}$$

b) $B = \{(b_1\ b_2),(b_1\ b_3), (b_2\ b_3), (p_1\ p_2)\}$

isto é:

$n_B = \binom{3}{2} + \binom{2}{2} = 3 + 1 = 4$ possibilidades, logo:

$$P(B) = \frac{4}{10} = \frac{2}{5}$$

Exemplo 2.5

Resolver o problema anterior, supondo que as duas bolas sejam extraídas uma a uma, com reposição. Nesse caso as probabilidades de extração de uma bola branca ou preta são respectivamente iguais a:

$$P(b) = \frac{3}{5}$$

$$P(p) = \frac{2}{5}$$

logo,

$$P(A) = P(b,p) + P(p,b) = 2 \cdot \frac{3}{5} \cdot \frac{2}{5} = \frac{12}{25}$$

e

$$P(B) = P(b,b) + P(p,p) = \frac{3}{5} \cdot \frac{3}{5} + \frac{2}{5} \cdot \frac{2}{5} = \frac{13}{25}$$

2.4 Probabilidade condicional

Sejam A e B dois eventos de um espaço amostral S, com $P(A) > 0$.

A probabilidade condicional de B, dado A, denotada por $P(B|A)$, é definida por:

$$P(B|A) = \frac{P(A \cap B)}{P(A)}$$

Exemplo 2.6

Lançamento de um dado, em que sejam os eventos:

A = "sair face par" e
B = "sair face 6".

Temos:

$S = \{1, 2, 3, 4, 5, 6\}$
$A = \{2, 4, 6\}$
$B = \{6\}$

Então, a probabilidade de B ocorrer, tendo ocorrido A, isto é, a probabilidade de ter saído face 6 no lançamento do dado, sabendo-se que saiu um número par, é dada por:

$$P(B \mid A) = \frac{1}{3}$$

Isto é, obtém-se o resultado pelo quociente entre o número de elementos da intersecção de A e B e o número de elementos de A, ou aplicando a definição

$$P(B \mid A) = \frac{P(A \cap B)}{P(A)} = \frac{\frac{1}{6}}{\frac{3}{6}} = \frac{1}{3}$$

Decorre da definição acima a seguinte regra do produto, útil para o cálculo da probabilidade do evento intersecção:

$$P(A \cap B) = P(B \mid A) \cdot P(A)$$

Essa regra, aplicada a três eventos, é dada por:

$$P(A_1 \cap A_2 \cap A_3) = P(A_1) \cdot P(A_2 \mid A_1) \cdot P(A_3 \mid A_1 \cap A_2)$$

e pode ser generalizada para um número n qualquer de eventos.

Exemplo 2.7

Uma urna contém 10 bolas idênticas, sendo 5 pretas, 3 vermelhas e 2 brancas. Extraindo-se 3 bolas, ao acaso e sem reposição, qual a probabilidade de que a 1.ª bola selecionada seja preta, a 2.ª vermelha e a 3.ª branca?

Sejam:
A_1 = a 1.ª bola selecionada é preta;
A_2 = a 2.ª bola extraída é vermelha e
A_3 = a 3.ª bola selecionada é branca,

temos:

$$P(A_1 \cap A_2 \cap A_3) = P(A_1) \cdot P(A_2 \mid A_1) \cdot P(A_3 \mid A_1 \cap A_2) = \frac{5}{10} \cdot \frac{3}{9} \cdot \frac{2}{8} = \frac{1}{24}$$

2.5 Teorema da probabilidade total

O teorema a seguir é bastante útil em situações em que o experimento ou o fenômeno observado pode ser decomposto em várias etapas.

Sejam $A_1, A_2, \ldots A_n$ uma partição de S, com $P(A_i) > 0$, para todo i. Isto é, $A_1, A_2 \ldots A_n$ é uma família de eventos mutuamente exclusivos, cuja reunião completa todo o espaço amostral e dos quais, em cada experiência, um e somente um deles ocorre. Então, para cada evento B de S, temos:

$$P(B) = \sum_{i=1}^{n} P(B \mid A_i) \cdot P(A_i)$$

De fato, temos:

$$P(B) = P(B \cap A_1) + P(B \cap A_2) + \ldots P(B \cap A_n)$$
$$P(B) = P(B|A_1) \cdot P(A_1) + P(B|A_2) \cdot P(A_2) + \ldots P(B|A_n) \cdot P(A_n)$$
$$P(B) = \sum_{i=1}^{n} P(B|A_i) \cdot P(A_i)$$

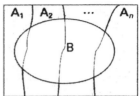

Sendo $P(B) > 0$, podemos inverter a probabilidade condicional, na seguinte forma:

$$P(A_i|B) = \frac{P(A_i \cap B)}{P(B)} = \frac{P(B|A_i) \cdot P(A_i)}{\sum_{i=1}^{n} P(B|A_i) \cdot P(A_i)} \quad, \quad i = 1, 2 \ldots n$$

Podemos, então, enunciar o seguinte teorema de Bayes:

Sendo $A_1, A_2, \ldots A_n$ partições de S, com $P(A_i) > 0$ para todo i, e B um evento de S com $P(B) > 0$, então:

$$P(A_i|B) = \frac{P(B|A_i) \cdot P(A_i)}{\sum_{i=1}^{n} P(B|A_i) \cdot P(A_i)}, \quad i = 1, 2 \ldots n$$

Exemplo 2.8

Uma indústria produz determinado tipo de peça em três máquinas M_1, M_2 e M_3. A máquina M_1 produz 40% das peças, enquanto M_2 e M_3 produzem 30% cada uma. As porcentagens de peças defeituosas produzidas por essas máquinas são respectivamente iguais a 1%, 4% e 3%.

a) Se uma peça é selecionada aleatoriamente da produção total, qual é a probabilidade de essa peça ser defeituosa?
b) Suponha que uma peça escolhida ao acaso da produção total seja defeituosa. Qual é a probabilidade de que essa peça tenha sido produzida pela máquina M_1?

Sendo D o evento "a peça é defeituosa", temos:
$P(M_1) = 0{,}40 \qquad P(D|M_1) = 0{,}01$
$P(M_2) = 0{,}30 \qquad P(D|M_2) = 0{,}04$
$P(M_1) = 0{,}30 \qquad P(D|M_3) = 0{,}03$

No item a), aplicando o teorema da probabilidade total, temos:
$P(D) = P(D|M_1) \cdot P(M_1) + P(D|M_2) \cdot P(M_2) + P(D|M_3) \cdot P(M3)$
$P(D) = 0{,}01 \cdot 0{,}40 + 0{,}04 \cdot 0{,}30 + 0{,}03 \cdot 0{,}30$
$P(D) = 0{,}025$

No item b), aplicando o teorema de Bayes, temos:

$$P(M_1|D) = \frac{P(D|M_1) \cdot P(M_1)}{P(D|M_1) \cdot P(M_1) + P(D|M_2) \cdot P(M_2) + P(D|M_3) \cdot P(M_3)}$$

$$P(M_1|D) = \frac{0{,}01 \cdot 0{,}40}{0{,}025} = 0{,}16$$

Podemos, também, resolver o problema pela seguinte representação gráfica denominada *árvore de probabilidades*, onde D = peça defeituosa e B = peça boa.

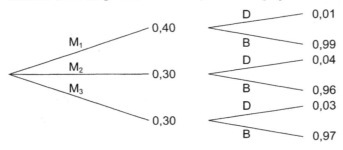

2.6 Independência

Dados dois eventos A e B de um espaço amostral S com $P(A) > 0$, dizemos que o evento B é independente de A, se:

$$P(B|A) = P(B)$$

Além disso, se $P(B) > 0$, pode-se verificar facilmente que A também é independente de B, pois:

$$P(A|B) = \frac{P(A \cap B)}{P(B)} = \frac{P(B|A) \cdot P(A)}{P(B)} = \frac{P(B) \cdot P(A)}{P(B)} = P(A)$$

Nesse caso, dizemos que os eventos A e B são independentes entre si.

Decorre, então, da regra do produto, que, se dois eventos A e B são independentes, então devemos ter

$$P(A \cap B) = P(A) \cdot P(B)$$

pois, $P(A \cap B) = P(A|B) \cdot P(B) = P(A) \cdot P(B)$

Exemplo 2.9

Consideremos famílias com duas crianças e sejam os eventos independentes:

A: "a família tem crianças de ambos os sexos";
B: "o filho mais velho é menino".

Sendo, M = menino e F = menina, o espaço amostral é:
$S = \{(M,M)\ (M,F)\ (F,M)\ (F,F)\}$

Então:
$A = \{(M,F)\ (F,M)\}$
$B = \{(M,F)\ (M,M)\}$

e $P(A) = \frac{2}{4} = \frac{1}{2}$ $\quad P(B) = \frac{2}{4} = \frac{1}{2}$ $\quad P(A \cap B) = \frac{1}{4}$

Logo, $P(A \cap B) = P(A) \cdot P(B)$

2.7 Exercícios

1. Sejam os eventos A e B, com $P(A) = \frac{3}{8}$, $P(B) = \frac{1}{2}$, $P(A \cup B) = \frac{5}{8}$.

    Calcule:
    a) $P(A \cap B)$
    b) $P(\bar{A})$
    c) $P(\bar{A} \cap \bar{B})$
    d) $P(\bar{A} \cup \bar{B})$
    e) $P(A \cap \bar{B})$

2. Uma empresa possui 2 400 empregados, classificados de acordo com a tabela abaixo:

Idade	Homem	Mulher
Menos do que 25 anos	317	259
Entre 25 e 40 anos	1 057	527
Mais do que 40 anos	186	54

    Se um empregado for selecionado ao acaso, calcule a probabilidade de que ele seja:
    a) um empregado com até 40 anos de idade;
    b) homem entre 25 e 40 anos de idade;
    c) mulher ou tenha mais do que 40 anos de idade;
    d) um empregado com 25 anos de idade ou mais, sabendo-se que é uma mulher.

3. Um determinado motor elétrico falha se ocorrer um dos defeitos tipo A, B ou C. Sabendo-se que o defeito tipo A é duas vezes mais provável do que o tipo B, e este é três vezes mais provável do que o tipo C, calcule a probabilidade de a falha ser devida a cada um dos tipos de defeitos.

4. Um lote de certo tipo de peças é formado de 9 peças boas, 2 com pequenos defeitos e uma com defeito grave. Uma dessas peças é escolhida ao acaso. Determine a probabilidade de que a peça escolhida:
    a) não tenha defeito;
    b) não tenha defeito grave.

5. Uma caixa contém 6 bolas brancas, 4 pretas, 3 vermelhas e 2 amarelas. Extraindo-se, ao acaso, uma bola da caixa, qual a probabilidade de a mesma ser:
    a) branca;
    b) amarela ou vermelha;
    c) amarela ou não preta;
    d) branca, preta ou amarela.

6. A porcentagem de peças fora de especificação produzidas por certa máquina é de 10%. Selecionadas, ao acaso, 5 peças da produção dessa máquina, qual a probabilidade de encontrarmos 2 peças fora de especificação?

7. Uma auditoria será realizada em 5 seções de uma empresa. Para que os funcionários não saibam quando será realizada a auditoria em sua seção, o auditor não fixou a ordem de suas visitas. Em quantas ordens diferentes poderão ser feitas as visitas?

8. Lançando-se 4 moedas, determine a probabilidade de se obterem duas caras e duas coroas.

9. Uma caixa contém 12 lâmpadas, das quais 4 são defeituosas. Retirando-se, aleatoriamente, 3 lâmpadas da caixa, calcule a probabilidade de que:

   a) nenhuma seja defeituosa;
   b) exatamente uma seja defeituosa;
   c) pelo menos uma seja defeituosa.

10. Em uma loteria, organizada em uma pequena comunidade, são sorteados 3 números distintos de 1 a 30. Cada aposta consiste em escolher 3 números distintos de 1 a 30. O apostador receberá o prêmio máximo se acertar os 3 números sorteados e o segundo prêmio se acertar 2 números. Determine qual é a probabilidade de que um apostador:

    a) receba o prêmio máximo;
    b) receba o segundo prêmio.

11. No lançamento de 3 dados calcule qual a probabilidade de obtermos:

    a) soma dos pontos igual a 5;
    b) soma dos pontos menor ou igual a 4;
    c) soma 7 ou soma 9.

12. Uma urna A contém uma bola branca e uma preta. Outra urna B contém 2 bolas brancas e 3 pretas. Uma bola é escolhida ao acaso da urna A e colocada na urna B. Em seguida, uma bola é extraída ao acaso da urna B.

    a) Qual a probabilidade de que ambas as bolas selecionadas sejam da mesma cor?
    b) Sabendo-se que a segunda bola retirada é branca, qual a probabilidade de que a primeira tenha sido preta?

13. Dois jogadores A e B lançarão alternadamente uma moeda e será vencedor aquele que obtiver a primeira cara. Sabendo-se que o jogador A faz o primeiro lançamento, qual a probabilidade de cada um vencer o jogo?

14. Extraindo-se aleatoriamente 2 algarismos, sem reposição, entre os algarismos 1, 2, 3, 4 e 5, calcular a probabilidade de um algarismo ímpar ser selecionado:
    a) na 1.ª extração;
    b) na 2.ª extração;
    c) em ambas as extrações.

15. Uma moeda é lançada até que ocorram pela primeira vez dois resultados iguais sucessivos; considerando-se que a moeda é equilibrada, calcular a probabilidade dos seguintes eventos:
    a) o experimento terminar antes do sexto lançamento;
    b) ser necessário um número par de lançamentos.

16. A probabilidade de que o aluno A resolva determinado problema é 2/3 e a probabilidade de que o aluno B o resolva é 4/5. Se ambos tentarem independentemente a resolução, qual a probabilidade de o problema ser resolvido?

17. Um sistema de segurança em um processo industrial é constituído de três dispositivos A, B e C trabalhando independentemente, de modo que basta um deles funcionar para que o sistema funcione. Sabendo-se que as probabilidades de funcionamento de cada um dos dispositivos são respectivamente iguais a 0,95; 0,98 e 0,99 , calcule:
    a) a probabilidade de funcionamento do sistema (ou seja, sua confiabilidade);
    b) a probabilidade de que no máximo um dos dispositivos falhe.

18. Um sistema é constituído de três componentes A, B e C, trabalhando independentemente e com probabilidades de funcionamento respectivamente iguais a 0,9, 0,8 e 0,7. Sabendo-se que: o funcionamento do componente A é indispensável ao funcionamento do sistema; se apenas B ou C não funcionam, o sistema tem rendimento inferior, porém funciona; a falha simultânea de B e C implica o não funcionamento do sistema. Calcule a confiabilidade do sistema, isto é, a probabilidade de funcionamento do sistema.

19. Uma urna contém 10 bolas, sendo 5 pretas, 3 vermelhas e 2 brancas. Extraem-se aleatoriamente 4 bolas, sem reposição. Qual a probabilidade de que a 1.ª bola extraída seja preta, a 2.ª bola, vermelha, a 3.ª bola, branca e a 4.ª bola, preta?

20. Três máquinas A, B e C produzem respectivamente 50%, 30% e 20% do total de peças de uma fábrica. As porcentagens de peças defeituosas produzidas por essas máquinas são respectivamente 3%, 4% e 5%.

a) Se uma peça é selecionada aleatoriamente da produção total, qual é a probabilidade de ela ser defeituosa?

b) Se uma peça é selecionada da produção total aleatoriamente e ela é defeituosa, qual é a probabilidade de ela ter sido produzida pela máquina A?

21. Uma caixa contém 2 bolas vermelhas e 3 azuis. Extraindo-se ao acaso 2 bolas, sem reposição, determinar a probabilidade de serem:

a) ambas azuis;
b) ambas vermelhas;
c) uma de cada cor.

22. Certo tipo de aparelho pode apresentar 3 tipos de defeitos: A, B ou C. O aparelho é considerado em bom estado se não apresentar nenhum desses defeitos. Sabendo-se que as probabilidades de ocorrerem os defeitos A, B e C são respectivamente 0,04, 0,06 e 0,10; sabendo-se, ainda, que as probabilidades de ocorrerem defeitos tipos A e B; A e C; B e C; A, B e C são respectivamente 0,010; 0,015; 0,020 e 0,005, determinar a probabilidade de um aparelho desse tipo, selecionado ao acaso:

a) estar em bom estado;
b) ter apenas um tipo de defeito.

2.8 Respostas

1. a) 1/4   b) 5/8   c) 3/8   d) 3/4   e) 1/8
2. a) 0,9   b) 0,440 4   c) 0,427 5   d) 0,691 7
3. 3/5,   3/10,   1/10
4. 3/4,   11/12
5. a) 2/5   b) 1/3   c) 11/15   d) 4/5
6. 0,072 9
7. 120
8. 3/8
9. a) 14/55   b) 28/55   c) 41/55
10. a) 1/4 060   b) 81/4 060
11. a) 1/36   b) 1/54   c) 5/27
12. a) 7/12   b) 2/5
13. 2/3   e   1/3
14. a) 3/5   b) 3/5   c) 3/10
15. a) 15/16   b) 2/3
16. 14/15
17. a) 0,999 99   b) 0,998 32
18. 0,846
19. 1/42
20. a) 0,037   b) 15/37
21. a) 3/10   b) 1/10   c) 3/5
22. a) 0,84   b) 0,125

3 DISTRIBUIÇÕES DE PROBABILIDADES

3.1 Variáveis aleatórias

O conceito de variável aleatória que definiremos a seguir nos permite associar aos resultados de um experimento aleatório números reais para que, utilizando o conceito de função, possamos calcular mais facilmente as probabilidades de ocorrência dos vários eventos correspondentes a esse experimento. Consideramos, então, variável aleatória como uma função definida no espaço amostral S e que assume valores no conjunto dos números reais. Uma variável aleatória poderá ser discreta ou contínua, conforme os seus possíveis valores formem um conjunto enumerável de valores ou intervalos contínuos da reta real.

3.2 Variável aleatória discreta — Distribuição de probabilidades

Consideremos os seguintes exemplos de variáveis aleatórias discretas.

Exemplo 3.1

No lançamento de um dado, seja X a variável aleatória "número de pontos obtidos". Essa variável aleatória obviamente assume valores de 1 a 6, com probabilidades iguais a 1/6.

Exemplo 3.2

No experimento que consiste em selecionar três peças de um determinado lote, consideremos a variável aleatória Y = "número de peças defeituosas selecionadas".

Sendo *B* peça boa e *D* peça defeituosa, os resultados possíveis do experimento (espaço amostral) são os seguintes:

$S = \{BBB, DBB, BDB, BBD, DDB, DBD, BDD, DDD\}$

Supondo $P(B) = \frac{1}{2}$, a variável aleatória *Y* assume os valores 0, 1, 2, 3 com probabilidades de ocorrência respectivamente iguais a $\frac{1}{8}, \frac{3}{8}, \frac{3}{8}, \frac{1}{8}$.

Nesses exemplos ficam então definidas as seguintes *distribuições de probabilidades*, que fornecem as probabilidades de ocorrências de cada um dos possíveis resultados do experimento aleatório, por meio das probabilidades assumidas pelos possíveis valores das variáveis aleatórias.

x	P(x)	y	P(y)
1	1/6	0	1/8
2	1/6	1	3/8
3	1/6	2	3/8
4	1/6	3	1/8
5	1/6		
6	1/6		

Indicando as probabilidades de ocorrência de cada um dos valores da variável aleatória *X* por $P(x_i) = P(X = x_i)$, devem ser satisfeitas as seguintes condições:

1.ª) $P(x_i) \geq 0$, para todo *i*;

2.ª) $\sum_i P(x_i) = 1$.

3.3 Variável aleatória contínua — Função densidade de probabilidade

Consideremos o experimento que consiste em selecionar, ao acaso, uma peça da produção de uma máquina e determinar o valor do comprimento da peça em milímetros. Nesse caso, dentro de um determinado grau de precisão decorrente da limitação do instrumento de medida, a variável aleatória "*X* = comprimento da peça" pode assumir um valor qualquer em um determinado intervalo da reta real, sendo, portanto, uma variável contínua.

Como uma variável aleatória contínua pode assumir uma infinidade de valores em um intervalo real, a cada um dos infinitos valores da reta real é atribuída probabilidade nula, podendo-se apenas calcular probabilidades para valores em intervalos da reta real. Nesse caso, as probabilidades de ocorrências de cada um dos possíveis resultados do experimento aleatório são determinadas por uma função contínua $f(x)$, denominada função densidade de probabilidade e que satisfaz as seguintes propriedades:

1.ª) $f(x) \geq 0; \forall \ x \in R$;

2.ª) $P(a \leq X \leq b) = \int_a^b f(x)dx$;

3.ª) $\int_{-\infty}^{\infty} f(x)dx = 1$.

A 1.ª propriedade decorre do fato de que as probabilidades não podem ser negativas. A 2.ª propriedade nos define a probabilidade de que a variável aleatória assuma valores em um intervalo, como sendo a área sob a curva da função densidade de probabilidade nesse intervalo. Observemos que, no cálculo da probabilidade de um intervalo, este pode ser aberto ou fechado, pois a inclusão ou não dos extremos a e b do intervalo não altera o valor desse cálculo, visto que a probabilidade de um ponto é nula. Já a 3.ª propriedade nos diz que a probabilidade do espaço amostral é 1, isto é, a probabilidade de ocorrência de algum dos resultados possíveis é certa.

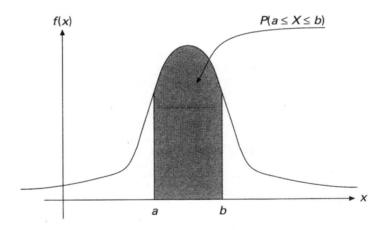

Exemplo 3.3

Uma variável aleatória contínua X é dada pela função densidade de probabilidade $f(x) = 3x^2$, $0 \leq x \leq 1$. Calcule $P(0 \leq X \leq \frac{1}{2})$.

$$P(0 \leq X \leq \tfrac{1}{2}) = \int_0^{\frac{1}{2}} f(x)\,dx = \int_0^{\frac{1}{2}} 3x^2 dx = x^3 \Big|_0^{\frac{1}{2}} = \frac{1}{8}$$

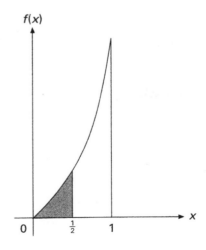

3.4 Média ou valor esperado de uma variável aleatória

A média de uma variável aleatória é o principal parâmetro de posição e nos fornece informação sobre o centro de sua distribuição de probabilidades. A média, ou valor esperado de uma variável aleatória, indicada por μ ou $E(X)$, é definida, para uma variável aleatória discreta, por:

$$\mu = E(X) = \sum_i x_i \cdot P(x_i)$$

e, para uma variável aleatória contínua, por:

$$\mu = E(X) = \int_{-\infty}^{\infty} x \cdot f(x) dx$$

Exemplo 3.4

Este jogo consiste em se retirar, ao acaso, uma bola de uma caixa contendo 5 bolas brancas, 3 pretas e 2 vermelhas. Se a bola selecionada for branca ganham-se R$10,00 e se for preta ou vermelha perdem-se, respectivamente, R$5,00 e R$15,00. Qual é o lucro médio do jogo?

Sendo X a variável aleatória lucro, temos a seguinte distribuição de probabilidades:

Resultado	Probabilidade $P(x_i)$	Valor x_i
Bola branca	1/2	10
Bola preta	3/10	–5
Bola vermelha	1/5	–15

Então:

$$\mu = E(X) = \sum_i x_i P(x_i) = 10 \cdot \frac{1}{2} + (-5) \cdot \frac{3}{10} + (-15) \cdot \frac{1}{5} = 0,5$$

Logo, o ganho médio será de R$0,50.

Exemplo 3.5

A média ou o valor esperado da variável aleatória contínua X do exemplo 3.3, definida pela função densidade de probabilidade $f(x) = 3x^2$, $0 \leq x \leq 1$, é calculada por:

$$\mu = E(X) = \int_0^1 x \cdot 3x^2 dx = \int_0^1 3x^3 dx = \left. \frac{3x^4}{4} \right|_0^1 = \frac{3}{4}$$

Verificam-se, facilmente, as seguintes propriedades da média:

1.ª   A média de uma constante é igual à própria constante.

$$E(k) = k$$

2.ª   Multiplicando-se todos os valores de uma variável aleatória por uma constante, a sua média fica multiplicada pela constante.

$$E(k \cdot X) = k \cdot E(X)$$

3.ª   A média da soma ou da diferença de variáveis aleatórias é igual à soma ou à diferença das médias das variáveis.

$$E(X \pm Y) = E(X) \pm E(Y)$$

4.ª   Somando-se ou subtraindo-se uma constante aos valores de uma variável aleatória, a sua média fica acrescida ou diminuída dessa constante.

$$E(X \pm k) = E(X) \pm k$$

5.ª   A média do produto de duas variáveis aleatórias *independentes* é igual ao produto das médias dessas variáveis.

$$E(X \cdot Y) = E(X) \cdot E(Y)$$

Observação: A idéia de independência entre eventos pode ser aplicada às variáveis aleatórias, no sentido de que os resultados obtidos em uma das variáveis não sofrem influência dos resultados obtidos na outra.

3.5 Variância de uma variável aleatória

A variância de uma variável aleatória é o principal parâmetro de dispersão e mede a variabilidade dos valores em relação à sua média. A variância de uma variável aleatória, indicada por σ^2 ou $Var(X)$, é definida por:

$$\sigma^2 = Var(X) = E(X - \mu)^2, \text{ onde } \mu = E(X), \text{ que é a média de } X.$$

Podemos verificar, facilmente, que a variância pode ser calculada por:

$$Var(X) = E(X^2) - [E(X)]^2,$$

que, no caso de variável discreta, é dada por:

$$Var(X) = \sum_i x_i^2 P(x_i) - \mu^2$$

e, no caso de variável contínua, por:

$$Var(X) = \int_{-\infty}^{\infty} x^2 f(x) dx - \mu^2$$

Exemplo 3.6

Um jogo consiste em se lançar uma moeda. Se sair cara ganham-se R$ 10,00 e se sair coroa perdem-se R$ 5,00. Qual é o lucro médio do jogo e qual é a sua variância?

Sendo X a variável lucro, temos:

Resultado	Probabilidade $P(x_i)$	Valor x_i	x_i^2
Cara	½	10	100
Coroa	½	–5	25

A média é calculada por:

$$\mu = E(X) = \sum_i x_i P(x_i) = 10 \cdot \frac{1}{2} + (-5) \cdot \frac{1}{2} = 2,5$$

Logo o ganho médio do jogo é de R$2,50.

A variância é calculada por:

$$Var(X) = \sum_i x_i^2 P(x_i) - \mu^2 = 100 \cdot \frac{1}{2} + 25 \cdot \frac{1}{2} - (2,5)^2 = 62,5 - 6,25 = 56,25$$

Como a variância é dada em unidades ao quadrado, definimos o *desvio padrão*, indicado por σ ou $DP(X)$, como sendo a raiz quadrada da variância. O desvio padrão tem a vantagem de ser expresso na mesma unidade da variável. No exemplo, o desvio padrão é igual a:

$$\sigma = DP(X) = \sqrt{Var(X)} = \sqrt{56,25} = 7,5$$

Logo, no jogo, o desvio padrão do lucro é de R$ 7,50.

A variância goza das seguintes propriedades:

1.ª A variância de uma constante é igual a zero.

$$Var(k) = 0$$

2.ª Multiplicando-se todos os valores de uma variável aleatória por uma constante, a sua variância fica multiplicada pelo quadrado da constante.

$$Var(k \cdot X) = k^2 \cdot Var(X)$$

3.ª Somando-se ou subtraindo-se uma constante aos valores de uma variável aleatória, a sua variância não se altera.

$$Var(X \pm k) = Var(X),$$

4.ª A variância da soma ou da diferença de duas variáveis aleatórias *independentes* é igual à *soma* das variâncias dessas variáveis.

$$Var(X \pm Y) = Var(X) + Var(Y).$$

3.6 Distribuição binomial

A distribuição binomial, assim como a distribuição de Poisson, que veremos em seguida, merecem um estudo especial pela sua importância nas aplicações.

Consideremos experimentos aleatórios que possuem apenas dois resultados possíveis, como, por exemplo, uma peça selecionada de um lote, a qual pode ser boa ou defeituosa;

um aluno que é submetido a um exame podendo ser aprovado ou não; numa pesquisa de mercado um consumidor pode, ou não, comprar um novo produto lançado no mercado. São experimentos cujos resultados pertencem a uma de duas categorias possíveis, conforme possuam, ou não uma determinada característica. O resultado será chamado de sucesso S, se possuir a citada característica, ou de fracasso F, se não a possuir.

Esses experimentos são conhecidos como experimentos de Bernoulli ou ensaios de Bernoulli. A probabilidade de ocorrência de sucesso será indicada por p, e a de fracasso por $q = 1 - p$. Devemos ressaltar que qualquer um dos dois resultados possíveis do experimento poderá ser chamado de sucesso, para isso bastando que a sua probabilidade de ocorrência seja indicada por p.

Podemos, então, definir uma variável aleatória X que assume apenas dois valores: o valor "1", se ocorrer sucesso, e o valor "0" se ocorrer fracasso, cuja distribuição de probabilidades será:

x_i	$P(x_i)$
1	p
0	$1-p$

E verifica-se, facilmente (faça como exercício), que a sua média e variância são dadas respectivamente por:

$$\begin{cases} E(X) = p \\ Var(X) = p(1-p) \end{cases}$$

Consideremos, então, o experimento que consiste na realização de n ensaios *independentes* de Bernoulli, cada um com probabilidade de sucesso constante e igual a p. Dizemos que a variável aleatória X, igual ao número de sucessos obtidos nos n ensaios de Bernoulli, tem distribuição binomial, com parâmetros n e p, e indicamos:

$$X \sim Bin(n; p)$$

Exemplo 3.7

Sabe-se que numa linha de produção 10% das peças são defeituosas, e as peças são acondicionadas em caixas com 5 unidades. Seja X a variável aleatória igual ao número de peças defeituosas encontradas numa caixa.

Então, cada peça selecionada da caixa é um ensaio de Bernoulli, com probabilidade de se selecionar uma peça defeituosa, probabilidade de sucesso $(S)^*$, igual a $p[P(S) = p]$, e os ensaios são independentes. Logo a variável aleatória X tem distribuição binomial, com parâmetros $n = 5$ e $p = 0,10$, e pode assumir os valores 0, 1, 2, 3, 4 ou 5. Isto é: $X \sim Bin(5; 0,10)$.

Para a determinação da distribuição de probabilidades de uma variável X igual ao número de sucessos em n experimentos independentes de Bernoulli, com probabilidade de sucesso igual a p, calculemos a probabilidade da obtenção de k sucessos nos n experimentos, para $k = 0, 1, 2, 3, \ldots n$.

---

[*] A letra S na distribuição binomial indica o resultado igual a *sucesso* e não deve ser confundida com a notação utilizada para o espaço amostral.

A probabilidade de que nos k primeiros ensaios de Bernoulli ocorram sucessos e nos restantes $n - k$ fracassos, considerando-se a independência dos ensaios, é dada por:

$$P(\underbrace{S,S,...S}_{k},\underbrace{F,F...F}_{n-k}) = p^k(1-p)^{n-k}$$

Como os k sucessos podem ocorrer em qualquer uma das ordens possíveis nos n experimentos de Bernoulli, que é igual ao número de combinações de n elementos k a k dada por $C_{n,k} = \binom{n}{k} = \frac{n!}{(n-k)!k!}$, a probabilidade de obtenção de k sucessos nas n realizações do experimento pode ser calculada por:

$$P(X = k) = \binom{n}{k}p^k(1-p)^{n-k}, \quad k = 0, 1, 2, \ldots n,$$

a qual determina a sua distribuição de probabilidades.

Pode-se demonstrar que, utilizando-se o fato de uma variável aleatória com distribuição binomial ser a soma de n variáveis aleatórias independentes com distribuição de Bernoulli, a média e a variância de uma distribuição binomial são dadas, respectivamente, por:

$$\begin{cases} E(X) = np \\ Var(X) = np(1-p) \end{cases}$$

Exemplo 3.8

No lançamento de uma moeda 5 vezes, qual a probabilidade de:

a) serem obtidas exatamente 2 caras
b) obter-se no mínimo uma cara.

Sendo X o número de caras obtidas nos 5 lançamentos, considerando cara *sucesso* e coroa *fracasso*, temos $X \sim Bin(n; p)$, com $n = 5$ e $p = 1/2$, então:

a) $P(X = 2) = \binom{5}{2}\left(\frac{1}{2}\right)^2\left(\frac{1}{2}\right)^3 = \frac{10}{2^5} = \frac{5}{16}$

b) $P(X \geq 1) = 1 - P(X = 0) = 1 - \left(\frac{1}{2}\right)^5 = 1 - \frac{1}{32} = \frac{31}{32}$

Exemplo 3.9

A partir dos dados do exemplo 3.7, calcular:

a) a probabilidade de uma caixa conter exatamente 3 peças defeituosas;
b) a probabilidade de uma caixa conter duas ou mais peças defeituosas;
c) o valor esperado do desconto na venda de um lote de 1 000 caixas, sabendo-se que uma caixa com mais de uma peça defeituosa tem um desconto no preço de R$ 10,00.

Sendo X = "número de peças defeituosas na caixa", conforme já vimos, $X \sim Bin(n; p)$, com $n = 5$ e $p = P$ (*peça defeituosa*) = P (*sucesso*) = 0,10, então:

a) $P(X = 3) = \binom{5}{3}(0,10)^3(0,90)^2 = 0,008\ 1$

b) $P(X \geq 2) = 1 - P(X < 2)$
   $= 1 - [P(X = 0) + P(X = 1)]$
   $= 1 - [\binom{5}{0}\ 0,10^0\ 0,90^5 + \binom{5}{1}\ 0,10^1\ 0,90^4]$
   $= 1 - 0,918\ 54$
   $= 0,081\ 46$

c) Sendo Y o valor do desconto por caixa, temos:

   $E(Y) = 10P(X \geq 2) + 0P(X < 2) = 10(0,081\ 46) + 0(0,918\ 54) = 0,814\ 6.$

Então, em lote de 1 000 caixas o desconto esperado no preço será de:

   $1\ 000(0,814\ 6) = R\$\ 814,60.$

Os valores das probabilidades de uma distribuição binomial podem ser obtidos para determinados valores de n e p em tabelas ou no computador no programa Minitab. A distribuição de probabilidades da variável binomial do exemplo 3.9 pode ser obtida no programa Minitab, digitando-se os valores de x em uma coluna, por exemplo, em C1 (0, 1, 2, 3, 4, 5). Selecione-se no menu principal *Calc* e no submenu *Probability Distributions* e *binomial*. Forneça os dados e obtenha a distribuição, conforme indicado em seguida.

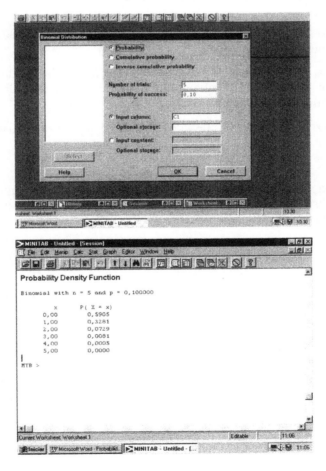

3.7 Distribuição de Poisson

A distribuição de Poisson é um caso limite da distribuição binomial, quando $n \to \infty$ $p \to 0$ e $\mu = np$ permanece constante, e se aplica no caso em que, em vez de se observar o número de sucessos em n realizações independentes de um experimento de Bernoulli, o interesse é o *número de sucessos em um intervalo contínuo de observação t*. Esse intervalo contínuo de observação pode ser um intervalo qualquer em que se vai observar a ocorrência dos sucessos, como, por exemplo, um intervalo de tempo, de comprimento, de área ou de volume.

São exemplos de fenômenos que seguem uma distribuição de Poisson:

a) número de veículos que chegam a um posto de pedágio rodoviário em determinado período de um dia da semana;

b) número de chamadas telefônicas que chegam a uma central telefônica em determinado intervalo de tempo;

c) número de defeitos encontrados em determinada superfície de uma chapa;

d) número de impurezas encontradas em determinado volume de uma substância.

Para que uma variável aleatória X tenha uma distribuição de Poisson, deve satisfazer às seguintes condições:

1.ª para intervalos de observação Δt muito pequenos, a probabilidade de ocorrência de mais de um sucesso é desprezível;

2.ª para intervalos de observação Δt muito pequenos, a probabilidade de ocorrência de um sucesso é proporcional ao tamanho do intervalo e igual a $\lambda \Delta t$, onde $\lambda > 0$ é a taxa de sucessos por unidade de observação;

3.ª as ocorrências de sucessos em intervalos disjuntos (não sobrepostos) são independentes.

Então, se uma variável aleatória X igual ao número de sucessos em um intervalo t de observação tem distribuição de Poisson, pode-se demonstrar que a sua distribuição de probabilidades é dada por:

$$P(X = k) = \frac{e^{-\lambda t}(\lambda t)^k}{k!}, \quad k = 0, 1, 2, 3 \ldots$$

Sendo $\mu = \lambda t$ o número médio de ocorrências no intervalo t, a expressão acima pode ser escrita na forma:

$$P(X = k) = \frac{e^{-\mu} \mu^k}{k!}$$

e pode-se demonstrar que sua média e variância são dadas respectivamente por:

$$\begin{cases} E(X) = \mu \\ Var(X) = \mu \end{cases}$$

Exemplo 3.10

Sabendo-se que um determinado telefone recebe em média 0,75 chamada por hora, calcule a probabilidade de que em um intervalo de 4 horas esse telefone receba:

a) exatamente duas chamadas;
b) no máximo uma chamada;
c) no mínimo três chamadas.

Seja X a variável aleatória igual ao número de chamadas recebidas em um intervalo de 4 horas. Então, temos:

$$\begin{cases} \lambda = 0{,}75 \text{ chamadas por hora} \\ t = 4 \text{ horas} \end{cases}$$

$\mu = \lambda t = 0{,}75(4) = 3$

a) $P(X = k) = \dfrac{e^{-3} 3^k}{k!} \Rightarrow P(X = 2) = \dfrac{e^{-3} 3^2}{2!} = 0{,}224\,0$

b) $P(X \leq 1) = P(X = 0) + P(X = 1)$

$\qquad = \dfrac{e^{-3} 3^0}{0!} + \dfrac{e^{-3} 3^1}{1!} = 0{,}199\,1$

c) $P(X \geq 3) = 1 - P(X < 3)$
$\qquad\qquad = 1 - [P(X = 0) + P(X = 1) + P(X = 2)]$
$\qquad\qquad = 1 - 0{,}423\,2$
$\qquad\qquad = 0{,}576\,8$

Exemplo 3.11

Sabendo-se que na fabricação de determinadas chapas aparecem defeitos à taxa média de 0,5 defeito por m², calcule a probabilidade de que:

a) uma chapa de 5 m² seja perfeita;
b) uma chapa de 15 m² apresente no mínimo três defeitos.

a) Seja X = "o número de defeitos por chapa de 5 m²". Então, temos:

$$\begin{cases} \lambda = 0{,}5 \text{ defeito por m}^2 \\ t = 5 \text{ m}^2 \end{cases}$$

$\mu = \lambda t = 0{,}5(5) = 2{,}5$

$P(X = 0) = \dfrac{e^{-2{,}5} 2{,}5^0}{0!} = 0{,}082\,1$

b) Seja X = "o número de defeitos por chapa de 15 m²". Então, temos:

$$\begin{cases} \lambda = 0,5 \text{ defeito por m}^2 \\ t = 15 \text{ m}^2 \end{cases}$$

$$\mu = \lambda t = 0,5(15) = 7,5$$

$$P(X = k) = \frac{e^{-7,5} 7,5^k}{k!}$$

$$\begin{aligned} P(X \geq 3) &= 1 - P(X < 3) \\ &= 1 - \left[P(X = 0) + P(X = 1) + P(X = 2) \right] \\ &= 1 - \left[\frac{e^{-7,5} 7,5^0}{0!} + \frac{e^{-7,5} 7,5^1}{1!} + \frac{e^{-7,5} 7,5^2}{2!} \right] \\ &= 0,979\ 7 \end{aligned}$$

É válida, para a distribuição de Poisson, a seguinte fórmula de recorrência:

$$P(X = k+1) = \frac{\mu}{k+1} P(X = k) \qquad k \geq 0$$

Pois,

$$P(X = k+1) = \frac{e^{-\mu} \mu^{k+1}}{(k+1)!} = \frac{\mu}{k+1} \frac{e^{-\mu} \mu^k}{k!} = \frac{\mu}{k+1} P(X = k)$$

Os valores das probabilidades de uma distribuição de Poisson podem ser obtidos para determinados valores da média μ em tabelas ou pelo computador no programa Minitab, para valores de n entre 0 e 50.

A distribuição de probabilidades da variável de Poisson do exemplo 3.10 pode ser obtida no programa Minitab, digitando-se os valores de x que se deseja em uma coluna, por exemplo (0, 1, 2, 3, ... 10), e selecionando-se no menu principal: *Calc* e no submenu *Probability Distributions* e *Poisson*. Forneça os dados e obtenha a distribuição, conforme indicado em seguida.

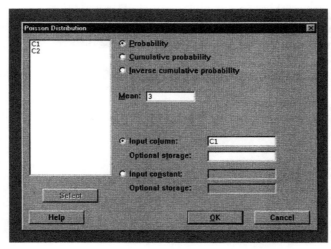

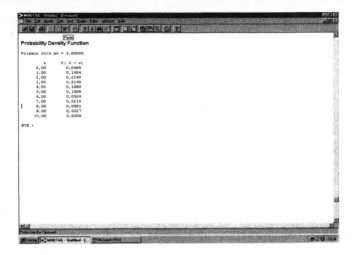

3.8 Distribuição exponencial

Já apresentamos as principais distribuições discretas de probabilidades, a binomial e a de Poisson. Veremos agora as duas principais distribuições contínuas de probabilidade que são: a distribuição exponencial, de grande aplicação na Engenharia e em outras ciências, e a distribuição normal, sem dúvida a mais importante, devido a sua aplicação na interpretação de muitos fenômenos físicos e na inferência estatística.

Diremos que uma variável aleatória T tem distribuição exponencial, com parâmetro $\lambda > 0$, se a sua função densidade de probabilidade for dada por:

$$f(t) = \begin{cases} \lambda e^{-\lambda t}, & t \geq 0 \\ 0, & t < 0 \end{cases}$$

Então para a distribuição exponencial, com parâmetro λ, temos:

$$P(T > k) = \int_k^\infty \lambda e^{-\lambda t} dt = -e^{-\lambda t}\Big|_k^\infty = e^{-\lambda k}$$

Então, pode-se verificar que a distribuição exponencial, com parâmetro λ, é a distribuição do tempo decorrido entre dois sucessos consecutivos, numa distribuição de Poisson com média $\mu = \lambda t$.

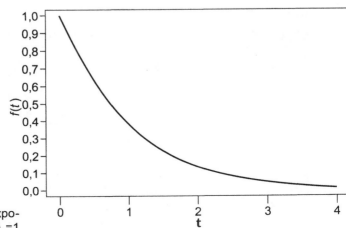

Gráfico de uma distribuição exponencial com parâmetro $\lambda = 1$

Pode-se demonstrar que se a variável aleatória T tem distribuição exponencial, então a sua média e variância são dadas respectivamente por:

$$\begin{cases} E(T) = \dfrac{1}{\lambda} \\ Var(T) = \dfrac{1}{\lambda^2} \end{cases}$$

Exemplo 3.12

O tempo de duração de determinado tipo de lâmpada elétrica tem distribuição exponencial, com média de 800 horas. Calcule a proporção de lâmpadas que duram:

a) mais do que 2 000 horas;
b) menos do que 400 horas;
c) entre 800 e 1 600 horas.

$$E(T) = \frac{1}{\lambda} = 800 \implies \lambda = \frac{1}{800}$$

$$f(t) = \frac{1}{800} e^{-\frac{1}{800}t}$$

a) $P(T > 2\,000) = e^{-\lambda 2\,000} = e^{-\frac{1}{800}(2\,000)} = e^{-2,5} = 0,082\,1$

b) $P(T < 400) = 1 - P(T \geq 400) = 1 - e^{-\lambda 400} = 1 - e^{-\frac{1}{800}(400)} = 1 - e^{-0,5} = 0,393\,5$

c) $P(800 < T < 1\,600) = P(T > 800) - P(T > 1\,600) = e^{-\lambda 800} - e^{\lambda 1\,600}$

$$= e^{-\frac{1}{800}(800)} - e^{-\frac{1}{800}(1\,600)} = e^{-1} - e^{-2} = 0,232\,5$$

As probabilidades acumuladas $P(T \leq t)$ para a distribuição exponencial podem ser obtidas no programa Minitab, da mesma forma que nas distribuições anteriores,

indicando-se a sua média e escolhendo-se a opção *Cumulative probability*, conforme indicado em seguida.

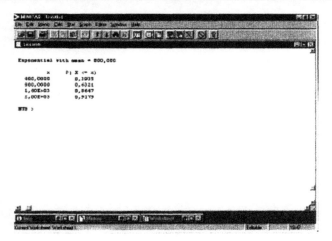

3.9 Distribuição normal

A distribuição normal, também conhecida como curva de Gauss, é a mais importante das distribuições contínuas de probabilidades. Inicialmente utilizada para representar a distribuição dos erros experimentais nas observações astronômicas, passou a ser aplicada a inúmeras variáveis, desde o comportamento coletivo do movimento das moléculas de um gás, até as medidas de coeficientes de inteligência e as mensurações de experimentos agrícolas. Além disso, em decorrência de um resultado teórico conhecido como Teorema do Limite Central, a distribuição da soma de variáveis aleatórias quaisquer pode ser aproximada pela distribuição normal, quando o número de variáveis cresce. Esse fato permite a utilização da distribuição normal para a realização de inferências estatísticas.

Uma variável aleatória X contínua tem distribuição normal com parâmetros μ e σ^2 se a sua função densidade de probabilidade for dada por:

$$f(x) = \frac{1}{\sqrt{2\pi}\,\sigma} \cdot e^{-\frac{1}{2}\left(\frac{x-\mu}{\sigma}\right)^2}, \quad -\infty < x < \infty$$

onde e é a base dos logaritmos neperianos, cujo valor aproximado é 2,718 28.

Indicaremos, resumidamente, que uma variável aleatória X tem distribuição normal com média μ e variância σ^2 por $X \sim N(\mu; \sigma^2)$.

Pode ser demonstrado que os parâmetros μ e σ^2 são respectivamente a média e a variância da distribuição normal, isto é: $E(X) = \mu$ e $Var(X) = \sigma^2$.

O gráfico da distribuição normal tem a forma de sino da figura da pág. 44, é simétrico em relação a μ e tem como pontos de inflexão $(\mu - \sigma)$ e $(\mu + \sigma)$. Além disso, $f(x) \to 0$, quando $x \to \pm \infty$.

Para se calcular as probabilidades de a variável X assumir valores em certos intervalos, probabilidades essas dadas pelas áreas sob a curva da distribuição normal nesses intervalos, utiliza-se uma distribuição normal particular de média $\mu = 0$ e variância $\sigma^2 = 1$, denominada *distribuição normal padronizada*. As áreas sob essa curva estão tabeladas e fornecem diretamente essas probabilidades.

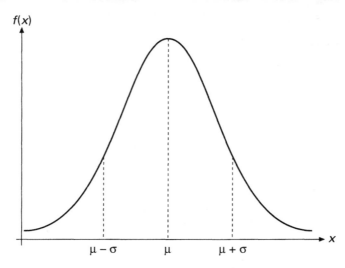

Utilizando-se as propriedades da média e da variância pode-se demonstrar que, se uma variável aleatória X tem distribuição normal com média μ e variância σ^2, então a variável aleatória

$$Z = \frac{X - \mu}{\sigma}$$

tem distribuição normal padronizada, com média 0 e variância 1.

A tabela da distribuição normal padronizada que utilizaremos (v. Tabela 1, pág. 145) fornece as áreas à direita dos valores da variável Z, indicadas na figura abaixo, de centésimo em centésimo de unidade.

Existem, também, tabelas que fornecem as áreas centrais entre 0 e z. Podemos, ainda, devido à simetria do gráfico, utilizar tabelas que fornecem os valores z da variável normal padronizada Z, em função das somas das áreas sob a curva à direita de z e à esquerda de $-z$.

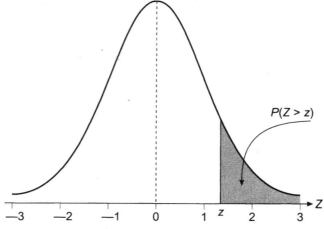

Os valores das probabilidades de uma distribuição normal podem ser obtidos no programa Minitab, selecionando-se no menu principal *Calc* e no submenu *Probability Distributions* e *Normal*. Com isso consegue-se para cada valor de uma variável normal X

qualquer, dada a sua média e o seu desvio padrão, a probabilidade acumulada até esse valor e a sua inversa.

Exemplo 3.13

Sabendo que X tem distribuição normal, com média $\mu = 7$ e variância $\sigma^2 = 16$, isto é, $X \sim N(7; 16)$, calcule $P(5 \leq X \leq 8)$.

$$P(5 \leq X \leq 8) = P\left(\frac{5-7}{4} \leq Z \leq \frac{8-7}{4}\right) = P\left(-\frac{1}{2} \leq Z \leq \frac{1}{4}\right)$$
$$= 1 - \left[P(Z < -0{,}50) + P(Z > 0{,}25)\right]$$
$$= 1 - \left[P(Z > 0{,}50) + P(Z > 0{,}25)\right]$$
$$= 1 - (0{,}308\ 5 + 0{,}401\ 3) = 0{,}290\ 2$$

Observação
Para obter os valores de $P(z > 0{,}50)$ e $P(z > 0{,}25)$, usamos a Tabela 1, da página 145.

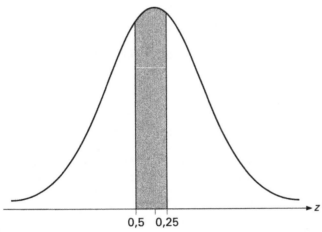

No programa Minitab os valores são obtidos conforme pode ser observado:

x	$P(X \leq x)$
5	0,308 538
8	0,598 706

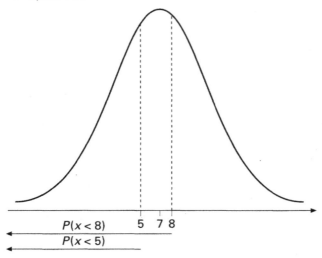

Obtendo-se:

$P(5 \leq X \leq 8) = P(X \leq 8) - P(X \leq 5) = 0{,}598\ 706 - 0{,}308\ 538 = 0{,}290\ 168.$

3.10 Combinações de normais

Muitas vezes temos de estudar o comportamento de uma variável que é resultante dos efeitos de várias variáveis normais independentes. Assim, por exemplo, em uma placa metálica retangular, sendo o comprimento X e a largura Y variáveis normais independentes, o seu perímetro será a variável aleatória $p = 2X + 2Y$. Consideremos o exemplo seguinte.

Exemplo 3.14

O peso X de certo tipo de alimento acondicionado em recipientes de vidro é uma variável normal, cuja média é 600 gramas e o desvio padrão, 25 gramas. Sabendo-se que o peso Y dos vidros vazios também tem distribuição normal, peso médio de 45 gramas e desvio padrão de 7 gramas, desejamos estudar o peso líquido do alimento $L = X - Y$.

Utilizaremos o importante resultado teórico sobre combinações lineares de variáveis normais independentes.

Se $X_1, X_2, \ldots X_n$ são variáveis aleatórias normais independentes, com médias

$E(X_i) = \mu_i$ e $\text{Var}(X_i) = \sigma_i^2$,

para $i = 1, 2, \ldots n$, então a variável aleatória

$Y = c_1 X_1 + c_2 X_2 + \cdots c_n X_n,$

também tem distribuição normal, com

$E(Y) = c_1\mu_1 + c_2\mu_2 + \cdots c_n\mu_n$ e

$var(Y) = c_1^2\sigma_1^2 + c_2^2\sigma_2^2 + \ldots c_n^2\sigma_n^2$

Então, no exemplo 3.14, sendo X o peso bruto e Y o peso do vidro vazio, temos:

$X \sim N(600; 25^2)$

$Y \sim N(45; 7^2)$

O peso líquido L terá distribuição normal, com:

$E(L) = E(X) - E(Y) = 600 - 45 = 555$

$var(L) = var(X) + var(Y) = 25^2 + 7^2 = 674$

Então a probabilidade de que um desses vidros selecionado aleatoriamente contenha, por exemplo, menos do que 500 gramas de alimento será calculada por:

$$P(L < 500) = P\left(Z < \frac{500 - 555}{\sqrt{674}}\right) = P(Z < -2,12) = 0,017$$

3.11 Exercícios

1. Suponha que a duração X de uma ligação telefônica, em minutos, seja dada pela seguinte distribuição de probabilidades:

x	1	2	3	4
$P(x)$	0,2	0,5	0,2	0,1

Calcule:

a) a duração média da ligação telefônica;
b) o desvio padrão da duração da ligação telefônica.

2. A distribuição do teor de impurezas contidas no solvente fabricado por uma certa indústria é representada na figura abaixo, na qual x é o teor de impurezas em gramas por litro e o segmento AB é paralelo ao eixo das abscissas.

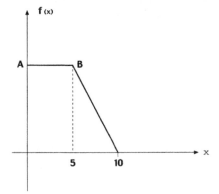

A especificação para esse material exige $x < 7{,}5$. Qual a proporção da produção que deverá ser reprocessada?

3. Considerando-se que a demanda diária, em milhares de quilogramas, de determinado produto em um supermercado é uma variável aleatória, dada pela seguinte, função densidade de probabilidade:
$$f(x) = \begin{cases} kx & ,\ se\ 0 \leq x \leq 1/2 \\ k(1-x) & ,\ se\ 1/2 \leq x \leq 1 \\ 0 & ,\ caso\ contrário \end{cases}$$

   a) determine o valor da constante k;
   b) calcule a demanda média diária do produto;
   c) calcule a variância da demanda diária do produto;
   d) calcule a probabilidade de que a demanda diária do produto esteja entre 250 e 750 kg.

4. No lançamento de uma moeda 10 vezes, indique a probabilidade de ocorrência de:

   a) nenhuma cara;
   b) 5 caras e 5 coroas;
   c) pelo menos uma cara.

5. Um fabricante de certo tipo de peças garante que uma caixa de suas peças conterá, no máximo, duas defeituosas. Se a caixa contém 20 peças e a experiência tem demonstrado que o processo de fabricação produz 5% de peças defeituosas:

   a) calcule a probabilidade de que uma caixa satisfaça a garantia;
   b) considerando que a caixa vendida determina um lucro de R$ 120,00, caso esteja conforme a garantia, e um prejuízo de R$ 50,00, se não corresponder à garantia, indique qual será o lucro médio por caixa vendida.

6. Uma indústria vende determinado tipo de peças em caixas com 10 unidades. Se uma caixa não tiver nenhuma peça defeituosa será vendida por R$30,00; apresentando uma peça defeituosa, o seu preço será de R$28,00; sendo duas as peças defeituosas, o preço será de R$25,00 e se houver mais do que duas peças defeituosas, a caixa será rejeitada pelo controle de qualidade. Sabendo-se que 5% das peças produzidas são defeituosas, qual será o preço médio de venda de uma caixa?

7. Uma empresa que produz determinado tipo de artigo sabe pela experiência que 10% das unidades são defeituosas.

   a) Em uma amostra de 6 artigos, qual a probabilidade de que pelo menos dois sejam defeituosos?
   b) Selecionando-se aleatoriamente, qual a probabilidade de que se obtenham 4 artigos não defeituosos, em no máximo 5 extrações?

8. Uma firma compra peças das indústrias A e B. Os lotes oferecidos pelas indústrias A e B são aceitos se em uma amostra de 20 peças retiradas aleatoriamente de um lote, houver no máximo uma peça defeituosa.

   a) Sabendo-se que a produção da indústria A apresenta 3% de peças defeituosas, calcule a probabilidade de que um lote fabricado por essa indústria seja aceito.

   b) Sabendo-se que o número esperado de peças defeituosas nas amostras dos lotes da indústria B é igual a 3, determine a porcentagem de peças defeituosas nessa indústria.

9. Sabendo-se que uma loja recebe em média 30 clientes por hora e que o número de clientes segue uma distribuição de Poisson, calcule a probabilidade de que durante um intervalo de 2 minutos:

   a) a loja não receba nenhum cliente;
   b) a loja receba dois ou mais clientes.

10. Na pintura de painéis aparecem defeitos, em média, na proporção de 1 defeito por metro quadrado. Calcule a probabilidade de que um painel medindo 20 cm por 30 cm apresente:

    a) nenhum defeito;
    b) mais de um defeito.

11. A taxa de impurezas em uma determinada marca de leite é de 5 unidades para cada litro. Se o número de impurezas segue uma distribuição de Poisson, qual a probabilidade de que haja no máximo uma impureza em um copo de 100 mL desse leite?

12. No litoral de uma cidade, a ocorrência de maremotos obedece ao modelo de Poisson, com uma taxa média de ocorrências de 1 a cada 8 anos.

    a) Calcule a probabilidade de ocorrer no máximo 1 maremoto nos próximos 13 anos.
    b) Durante um período de t anos, a probabilidade de não ocorrer maremoto é de 53,5%. Calcule a probabilidade de ocorrerem exatamente 2 maremotos nesse mesmo período.

13. O número de impurezas encontradas em um certo tipo de requeijão segue uma distribuição de Poisson, com taxa média de 2 impurezas por litro de requeijão.

    a) Qual a probabilidade de que em um copo de 250 mL de requeijão não seja encontrada nenhuma impureza?
    b) Sabendo-se que se um desses copos de requeijão contiver mais do que 3 im-

purezas ele será considerado impróprio para o consumo, qual a probabilidade de que, em um lote de 20 desses copos de requeijão, no máximo um copo seja considerado impróprio para o consumo?

14. Em uma obra, o número de acidentes de trabalho por dia segue uma distribuição de Poisson, com taxa média de 0,1 acidente por dia.
    a) Qual a probabilidade de que em um mês ocorram exatamente 4 acidentes?
    b) Num período de 4 dias, qual a probabilidade de não ocorrer nenhum acidente em 2 ou mais dias?

15. Os aparelhos de certa fabricação possuem, em média, 1,4 defeito cada. Se o fabricante paga uma indenização de R$ 100,00 por aparelho com mais de 2 defeitos, quanto representa, a longo prazo, essa indenização no custo do aparelho?

16. A duração de determinado tipo de lâmpada elétrica tem distribuição exponencial com média de 1 000 horas.
    a) Qual a probabilidade de que uma lâmpada dure menos de 500 horas?
    b) Qual deverá ser o prazo de garantia do fabricante para que tenha que repor apenas 5% das lâmpadas?

17. O tempo de vida de um fusível tem distribuição exponencial. Se o fusível é fabricado por um processo A, a sua vida média é de 100 horas e se é fabricado por um processo B, tem vida média de 160 horas. Sabendo-se que o processo B custa o dobro de A e que o custo de A é de R$2,00 por fusível e considerando-se, ainda, que quando um fusível qualquer, A ou B, dura menos que 200 horas paga-se uma multa de R$1,00, qual é o processo mais lucrativo?

18. A iluminação de uma sala é feita por 10 lâmpadas recém-adquiridas, tendo a vida de cada uma delas distribuição exponencial com média de 2 000 h. Se para uma iluminação adequada na sala é necessário que ao menos 8 lâmpadas estejam funcionando, determine a probabilidade de termos uma iluminação adequada após 1 000 h.

19. A duração de certos resistores tem distribuição exponencial com média de 200 horas. Se um sistema é formado por 2 resistores em série e seu funcionamento se interromper se algum dos resistores queimar, qual a probabilidade de o sistema durar mais do que 100 horas?

20. As massas das pessoas de certa população distribuem-se normalmente com média de 70 kg e desvio padrão de 8 kg. Determine a proporção de pessoas da população com massas:

a) superiores a 78 kg;
b) inferiores a 54 kg;
c) entre 54 e 86 kg;
d) entre 78 e 86 kg.
e) Qual é o valor da massa, tal que 90% das pessoas da população tenham massa inferior a esse valor?

21. Num lote de 600 peças, as massas das peças têm distribuição normal, com média de 65,3 g e desvio padrão de 5,5 g. Encontre o número esperado de peças com massas:

a) entre 60,0 e 70,0 g;
b) superiores a 63,2 g.

22. Uma máquina automática para encher garrafas está regulada para que o volume médio de refrigerante em cada garrafa seja de 2 litros e o desvio padrão de 20 mL. Pode-se admitir que o volume de refrigerante nas garrafas tenha distribuição normal.
   a) Qual a porcentagem de garrafas em que o volume de refrigerante é inferior a 1 965 mL?
   b) Se as garrafas são embaladas em pacotes com 6 unidades cada um, qual a probabilidade de que um pacote, escolhido aleatoriamente, contenha pelo menos uma garrafa com volume de refrigerante inferior a 1 965 mL?
   c) Sabendo-se que um supermercado vende em média por semana 2 500 dessas garrafas de refrigerante, com desvio padrão de 80 garrafas e distribuição normal, de quantas garrafas deve ser o seu estoque semanal para que a probabilidade de que falte esse tipo de refrigerante numa determinada semana seja de apenas 3%?

23. O número de unidades de determinado modelo de automóvel vendidas mensalmente por uma concessionária tem distribuição aproximada normal, com média de 40 unidades e desvio padrão 6.
   a) Se em um determinado mês a concessionária dispõe em estoque de 45 unidades, qual a probabilidade de que todos os pedidos sejam atendidos?
   b) Qual deveria ser o estoque para que se tivesse 99% de probabilidade de que todos os pedidos fossem atendidos?
   c) Qual a probabilidade de que em um determinado mês o número de pedidos seja inferior a 25 unidades?

24. As massas de um tipo de peça têm distribuição normal com média de 100 g e desvio padrão de 5 g. As peças são vendidas em caixas com 20 unidades cada uma. Peças com mais de 109,4 g são consideradas defeituosas e caixas com duas ou mais peças defeituosas são rejeitadas pelo controle de qualidade.

a) Em um lote de 800 caixas, quantas, em média, são rejeitadas pelo controle de qualidade?

b) Se a massa de uma caixa vazia é igual a exatos 500 g, qual seria a proporção de caixas cheias com massa total superior a 2,55 kg?

25. O código de defesa do consumidor permite para determinado produto, que no máximo 3% das unidades de cada lote tenham peso inferior a 480 g.

a) Supondo que os pesos das unidades do produto tenham distribuição normal com desvio padrão 10 g, determine qual deve ser o peso médio das unidades do produto para que se atenda à exigência do código de defesa do consumidor.

b) Supondo que 3% das unidades do produto tenham peso inferior a 480 g e sabendo-se que o produto é comercializado em caixas com 6 unidades, qual é a probabilidade de que uma dessas caixas do produto não contenha nenhuma unidade com peso inferior a 480 g?

26. Uma indústria consome certa matéria-prima segundo uma distribuição normal, com consumo diário médio de 12 toneladas e desvio padrão de 900 quilogramas. Calcule:

a) a probabilidade de faltar essa matéria-prima em um determinado dia em que o estoque inicial é de 13 toneladas;

b) o estoque diário mínimo necessário para se ter uma segurança de 99% de que não haja falta dessa matéria-prima.

27. O consumo semanal (5 dias úteis) de determinado tipo de material tem distribuição normal com média de 200 kg e desvio padrão de 15 kg. A produção diária desse material também tem distribuição normal com média de 46 kg e desvio padrão de 3 kg. Qual a probabilidade de que em uma determinada semana haja falta desse tipo de material?

28. Os custos mensais X de determinada linha de produção de uma indústria, em milhões de reais, distribuem-se normalmente com média de 42,5 e desvio padrão 2,0; seu faturamento Y, em milhões de reais, distribui-se também normalmente, com média 48,0 e desvio padrão 3,5. Supondo que as variáveis X e Y possam ser consideradas independentes, qual a probabilidade de que se consiga nessa linha de produção um lucro mensal acima de 12,55 milhões de reais?

3.12 Respostas

1. a) 2,2 min b) 0,87 min
2. 8,33%
3. a) 4 b) 1/2 c) 1/24 d) 3/4
4. a) 0,000 976 b) 0,246 094 c) 0,999 023
5. a) 0,924 5 b) R$ 107,17
6. R$ 28,65

7. a) 0,114 3   b) 0,918 5
8. a) 0,88   b) 0,15
9. a) 0,367 9   b) 0,264 2
10. a) 0,941 8   b) 0,001 7
11. 0,909 8
12. a) 0,516 9   b) 0,104 5
13. a) 0,606 5   b) 0,999 4
14. a) 0,168 0   b) 0,996 8
15. R$ 16,65
16. a) 0,393 5   b) 51,3 h
17. A
18. 0,178
19. 0,367 9
20. a) 15,87%   b) 2,28%   c) 95,44%
    d) 13,59%   e) 80,24 kg
21. a) 380   b) 389
22. a) 4%   b) 0,217 2   c) 2 650
23. a) 0,796 7   b) 54   c) 0,006 2
24. a) 96   b) 1,25%
25. a) 498,8 g   b) 0,833
26. a) 0,133 5   b) 14 097 kg
27. 0,033 6
28. 0,04

4 INFERÊNCIA ESTATÍSTICA ESTIMAÇÃO

O objetivo da inferência estatística é a obtenção de informações sobre aspectos de uma população de interesse no estudo por meio de resultados obtidos na observação de uma ou mais amostras extraídas dessa população. Ou seja, os resultados amostrais serão inferidos como resultados válidos para a população estudada. Como resultados de amostras estão sujeitos a variações amostrais (por exemplo, duas amostras diferentes, extraídas de uma mesma população para o cálculo da média da população em relação a determinada variável, podem chegar a dois resultados diferentes para esta média), a passagem de um resultado amostral para um populacional exige cuidados. As técnicas de inferência estatística são elaboradas com base nas distribuições de probabilidades das variáveis estudadas na população.

4.1 Estimação de parâmetros

Consideremos um lote de peças produzidas por uma máquina. Suponhamos que se deseja conhecer:

a) o valor verdadeiro do diâmetro médio das peças desse lote;
b) o valor verdadeiro da proporção de peças com defeito nesse lote;
c) o valor verdadeiro da variabilidade dos diâmetros das peças desse lote.

Esses valores verdadeiros são os *parâmetros* da população. Só é possível obtê-los se investigarmos toda a população. Na maioria das situações isso não é possível. Consideramos, então, uma amostra de peças desse lote e calculamos, com os dados dessa amostra, as *estimativas* desses parâmetros. Para obter uma estimativa é necessário usar uma "fórmula" com os valores obtidos na amostra, ou seja, usar um *estimador* do parâmetro.

Definição: Chamamos *estimador* a qualquer função dos elementos da amostra. A um particular valor assumido pelo estimador chamamos *estimativa*.

Notação: Para os parâmetros média, variância, desvio padrão, proporção e seus respectivos estimadores usaremos a notação abaixo:

	Parâmetro	Estimador
Média	μ	$\bar{x} = \dfrac{\sum x}{n}$
Variância	σ^2	$s^2 = \dfrac{\sum (x - \bar{x})^2}{n-1}$
Desvio padrão	σ	$s = \sqrt{s^2}$
Proporção	p	$p' = \dfrac{f_i}{n}$

Sabemos que a estimativa obtida com uma amostra dificilmente coincide com o valor verdadeiro, mas, se consideramos uma amostra de um tamanho conveniente e colhida de maneira adequada, a estimativa obtida deve estar próxima do valor real do parâmetro. Logo, o valor verdadeiro deve ser algum valor em torno da estimativa obtida. Costumamos, então, fornecer estimativas dos parâmetros por meio de intervalos de valores.

4.2 Intervalos de confiança

Objetivo: Para encontrar o verdadeiro valor do parâmetro, constrói-se, a partir de observações amostrais, um intervalo que tenha uma probabilidade conhecida de encerrar esse valor. Essa probabilidade conhecida e fixada pelo pesquisador recebe o nome de *grau* (ou *nível*) *de confiança* e é indicada por $1 - \alpha$, onde α é a probabilidade de que o intervalo construído não contenha o valor do parâmetro.

4.2.1 Intervalos de confiança para a média μ

O intervalo de confiança (IC) para a média μ será construído a partir da distribuição do estimador $\bar{x}$. É possível demonstrar que, se a variável x tem média μ e variância σ^2, então $\bar{x}$ tem distribuição tendendo à normal com média μ e variância $\dfrac{\sigma^2}{n}$.

Como a distribuição normal é simétrica, o IC para a média μ é da forma:

$$\bar{x} \pm e_0$$

onde e_0 = semi-amplitude do intervalo (erro da estimação).

Para determinar o valor de e_0 usamos o nível de confiança $1 - \alpha$ e temos que:

$$P(\mu - e_0 \leq \bar{x} \leq \mu + e_0) = 1 - \alpha$$

Na determinação do intervalo de confiança, podemos estar diante de dois casos diferentes.

1.º caso: A variância σ^2 é conhecida

Como $\bar{x}$ tem distribuição normal com média μ e variância $\dfrac{\sigma^2}{n}$, temos que

$$z = \frac{\overline{x} - \mu}{\frac{\sigma}{\sqrt{n}}}$$

e chegamos a

$$e_0 = z \frac{\sigma}{\sqrt{n}}$$

onde z é o valor da normal padrão que deixa uma probabilidade de $1 - \alpha$ no centro da curva, ou seja, $\frac{\alpha}{2}$ em cada ponta da curva normal padrão. Logo, o IC para a média μ fica:

$$\overline{x} - z \frac{\sigma}{\sqrt{n}} \leq \mu \leq \overline{x} + z \frac{\sigma}{\sqrt{n}}$$

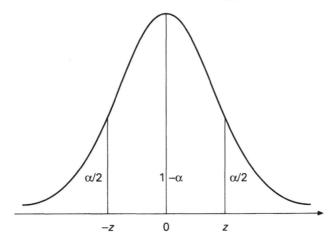

2.º caso: A variância σ^2 não é conhecida

Nesse caso o valor de σ^2 é estimado por s^2 e temos que a distribuição de

$$\frac{\overline{x} - \mu}{\frac{s}{\sqrt{n}}}$$

não é mais a normal padrão z e, sim, a distribuição t-Student com $n - 1$ graus de liberdade (gl, indicado também por ϕ). A distribuição t-Student também é simétrica e centrada no zero com forma bem parecida com a da curva normal padrão. Na verdade, a diferença entre os valores de t e z só é significativa quando o tamanho da amostra n é pequeno e, neste, caso, para uma mesma probabilidade, o valor de t é sempre maior que o de z. Para $n > 30$ os valores de t e z já são próximos, e quanto maior n mais t se aproxima de z. A distribuição t-Student está tabelada e disponível nas calculadoras científicas e pacotes estatísticos para computador.

O IC para a média μ fica então:

$$\overline{x} - t \frac{s}{\sqrt{n}} \leq \mu \leq \overline{x} + t \frac{s}{\sqrt{n}}$$

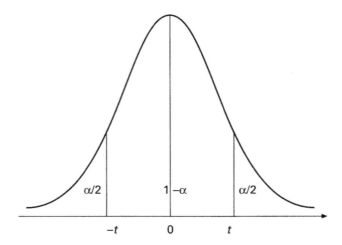

Exemplo 4.1

Deseja-se estimar a largura média de um tipo de peça. Para isso considerou-se uma amostra de 25 peças e obteve-se uma largura média igual a 5,2 cm. Sabendo-se que para a variável largura o desvio padrão é de 0,5 cm, construa o IC com 95% de confiança para a verdadeira largura média.

Dados: $\bar{x} = 5,2$ cm, $\quad \sigma = 0,5$ cm, $\quad n = 25,$ $\quad 1 - a = 95\% \Rightarrow z = 1,96$

Observação:
O valor z é obtido consultando-se a tabela da distribuição z, usando-se o nível de confiança fixado no exemplo e indicado na figura abaixo.

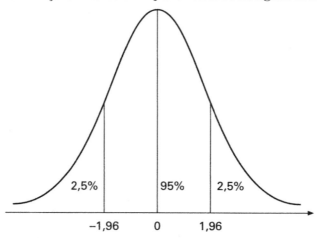

Logo o IC para a média μ fica:

$$5,2 - 1,96 \frac{0,5}{\sqrt{25}} \leq \mu \leq 5,2 + 1,96 \frac{0,5}{\sqrt{25}} \quad \Rightarrow \quad 5,004 \text{ cm} \leq \mu \leq 5,396 \text{ cm}$$

Outra notação: IC$(\mu; 95\%) = (5,2 \pm 0,196)$ cm

Exemplo 4.2

Deseja-se estimar a nota média em um exame aplicado em uma escola. Para isso considerou-se uma amostra de 16 alunos submetidos a esse exame e obteve-se uma nota média de 7,3 e um desvio padrão de 0,4. Construa o IC com 95% de confiança para a verdadeira média.

Dados: $\bar{x} = 7,3$, $s = 0,4$, $n = 16$, $gl = 15$, $1 - a = 95\% \Rightarrow t = 2,131$

Usamos t porque neste caso o desvio padrão de 0,4 é um valor estimado pois foi obtido através da amostra.

Observação:
O valor t é obtido consultando-se a tabela da distribuição t, usando-se o nível de confiança fixado no exemplo e indicado na figura abaixo.

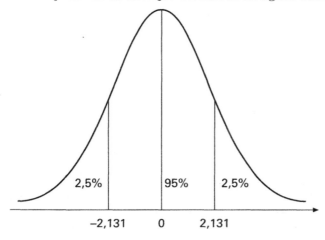

Logo o IC para a média μ fica:

$$7,3 - 2,131 \frac{0,4}{\sqrt{16}} \leq \mu \leq 7,3 + 2,131 \frac{0,4}{\sqrt{16}} \Rightarrow 7,086\,9 \leq \mu \leq 7,513\,1$$

Outra notação: IC(μ; 95%) = 7,3 ± 0,2131

4.2.2 Intervalo de confiança para a proporção p

O IC para a proporção p será construído a partir da distribuição de probabilidade de seu estimador p'. Sabe-se que a distribuição de p' é aproximada por uma normal com média p e variância $\frac{p(1-p)}{n}$, desde que n seja suficientemente grande para satisfazer as relações $np \geq 5$ e $n(1-p) \geq 5$. Logo, o IC para p também será da forma

$$p' \pm e_0$$

De maneira análoga ao item anterior, chegamos a

$$e_0 = z\sqrt{\frac{p'(1-p')}{n}}$$

O IC para a proporção p fica então:

$$p' - z\sqrt{\frac{p'(1-p')}{n}} \le p \le p' + z\sqrt{\frac{p'(1-p')}{n}}$$

Exemplo 4.3

Uma amostra de 400 peças retiradas de um lote produzido apresentou 6 peças com defeito. Estime a verdadeira proporção de peças defeituosas nesse lote através de um intervalo com 90% de confiança.

Dados: $n = 400 \quad p' = \dfrac{6}{400} = 0,015 \quad 1 - \alpha = 90\% \Rightarrow z = 1,64$

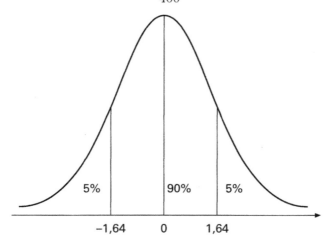

Logo o IC para a proporção p fica:

$$0,015 - 1,64\sqrt{\frac{0,015(1-0,015)}{400}} \le p \le 0,015 + 1,64\sqrt{\frac{0,015(1-0,015)}{400}}$$
$$\Rightarrow 0,005 \le p \le 0,025 \text{ ou } 0,5\% \le p \le 2,5\%$$

ou, na outra notação, IC(p; 90%) = 0,015 ± 0,01 ou 1,5% ± 1,0%.

4.2.3 Intervalo de confiança para a variância σ^2

O IC para σ^2 será construído baseado na distribuição de seu estimador s^2. Para isso precisamos definir a distribuição qui-quadrado, que é indicada por χ^2.

Definição: Sejam $X_1, X_2, \ldots, X_n$ n variáveis aleatórias independentes, com distribuição normal padrão (ou seja, com média zero e desvio padrão igual a 1). Então a soma $X_1^2 + X_2^2 + \ldots + X_n^2$ tem distribuição qui-quadrado com n graus de liberdade.

A distribuição qui-quadrado não é simétrica e também está tabelada. Demonstra-se que a média da distribuição qui-quadrado com n graus de liberdade é n e que a variância é $2n$.

Inferência Estatística — Estimação

Pela definição da distribuição qui-quadrado, pode-se demonstrar que a expressão

$$\frac{(n-1)s^2}{\sigma^2}$$

é um qui-quadrado com $n - 1$ graus de liberdade.

Usando, então, o nível de confiança $1 - \alpha$, queremos que

$$P\left(\chi^2_{1-\frac{\alpha}{2}} \leq \frac{(n-1)s^2}{\sigma^2} \leq \chi^2_{\frac{\alpha}{2}}\right) = 1 - \alpha$$

onde

$\chi^2_{1-\frac{\alpha}{2}}$ = qui-quadrado que deixa uma área de $1-\frac{\alpha}{2}$ na ponta direita da curva;

$\chi^2_{\frac{\alpha}{2}}$ = qui-quadrado que deixa uma área de $\frac{\alpha}{2}$ na ponta direita da curva.

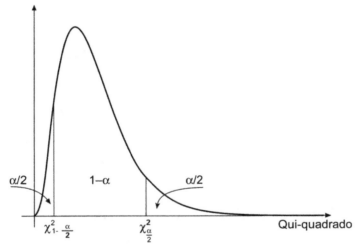

Chegamos, então, ao intervalo de confiança:

$$\frac{(n-1)s^2}{\chi^2_{\frac{\alpha}{2}}} \leq \sigma^2 \leq \frac{(n-1)s^2}{\chi^2_{1-\frac{\alpha}{2}}}$$

E para o desvio padrão, o IC é obtido extraindo-se a raiz quadrada dos valores obtidos pela fórmula acima.

Exemplo 4.4:

Considere os dados do exemplo 4.2. Construa o IC com 95% de confiança para estimar o verdadeiro desvio padrão das notas.

Dados: $\bar{x} = 7{,}3$, $s = 0{,}4$, $n = 16$, $gl = 15$, $1 - \alpha = 95\% \Rightarrow \chi^2_{2,5\%} = 27{,}488$
$\chi^2_{97,5\%} = 6{,}262$

Observação:
Os valores qui-quadrados são obtidos consultando-se a tabela da distribuição qui-quadrado, usando-se o nível de confiança fixado no exemplo e indicado na figura abaixo:

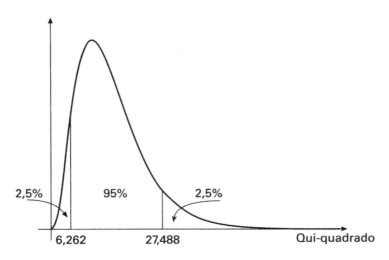

Logo, o IC fica:

$$\frac{(16-1)0,4^2}{27,488} \leq \sigma^2 \leq \frac{(16-1)0,4^2}{6,262} \quad \Rightarrow \quad 0,087 \leq \sigma^2 \leq 0,383$$

$\Rightarrow \quad 0,295 \leq \sigma \leq 0,619$, que é IC para o desvio padrão.

4.2.4 Intervalos de confiança unilaterais

Podemos também fazer estimativas unilaterais, ou seja, desejamos obter com um nível de confiança $1 - \alpha$ somente a estimativa máxima ou somente a estimativa mínima do parâmetro de interesse. Nesse caso a probabilidade $1 - \alpha$ fica toda de um lado só da curva e não mais em sua região central.

Exemplo 4.5

Suponhamos que no exemplo 4.4 desejássemos obter a estimativa máxima do desvio padrão com uma confiança de 95%.

O valor máximo é obtido pela fórmula:

$$DP_{max} = \sqrt{\frac{(n-1)s^2}{\chi^2_{1-\alpha}}}$$

Note que o valor do qui-quadrado nesse caso deixa na ponta direita da curva uma área igual a $1 - \alpha$ e não $1 - \frac{\alpha}{2}$, como fizemos no exemplo 4.4.

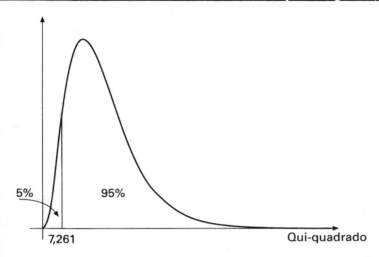

Pela tabela da distribuição qui-quadrado, temos que com $15\,gl$, $\chi^2_{95\%} = 7{,}261$
Logo,

$$DP_{max} = \sqrt{\frac{(16-1)0{,}4^2}{7{,}261}} = 0{,}575$$

4.2.5 Dimensionamento de amostras

Uma questão importante quando se deseja fazer uma estimação é determinar o tamanho da amostra necessário para se obter uma estimativa precisa e confiável. Logo, o nível de confiança desejado e o erro máximo admitido na estimação (ou seja, a semi-amplitude do intervalo e_0) são fixados pelo pesquisador. Com isso é possível determinar o tamanho da amostra (n) usando as fórmulas dos intervalos de confiança.

1) Para a média, com variância conhecida:

$$e_0 = z\frac{\sigma}{\sqrt{n}} \quad \Rightarrow \quad n = \left(\frac{z\sigma}{e_0}\right)^2$$

2) Para a média, com variância desconhecida:

$$e_0 = t\frac{s}{\sqrt{n}} \quad \Rightarrow \quad n = \left(\frac{ts}{e_0}\right)^2$$

Observação: Como a variância verdadeira é desconhecida, precisamos calcular sua estimativa s^2. Para isso precisamos de uma amostra de dados. Como a amostra definitiva ainda não está dimensionada, colhemos uma amostra piloto (amostra preliminar) para estimar s. Depois disso, dimensionamos a amostra definitiva.

3) Para a proporção:

$$e_0 = z\sqrt{\frac{p'(1-p')}{n}} \quad \Rightarrow \quad n = \left(\frac{z}{e_0}\right)^2 p'(1-p')$$

Nesse caso, a estimativa p' também pode ser obtida com o uso de uma amostra piloto, conforme a observação do item (2). Podemos também maximizar o valor de n, ou seja, maximizar a expressão

$$n = \left(\frac{z}{e_0}\right)^2 p'(1-p')$$

Como os valores de z e e_0 estão fixados, o valor de n será máximo quando o produto $p'(1-p')$ for máximo e isso ocorre para $p' = 0{,}5$.

4.3 Usando o programa Minitab

No Minitab os intervalos de confiança podem ser obtidos pressionando:

　　`Stat`

　　Basic statistics: 1 - *sample z* → IC para média com desvio padrão conhecido;
　　1 - *sample t* → IC para média com desvio padrão desconhecido;
　　1 - *proportion* → IC para uma proporção.

Exemplo de aplicação no Minitab:

　　Digite na 1.ª coluna as 25 observações abaixo

52	72	75	67	80
48	75	66	64	71
55	82	64	65	70
56	64	50	56	70
68	81	58	52	54

expressas em kg e clique:

　　`Stat`

　　`Basic statistics`

　　`1-Sample t`

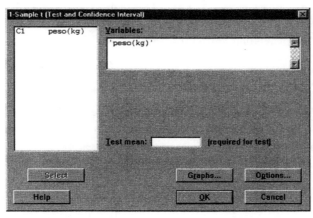

Clicando *Options* vem:

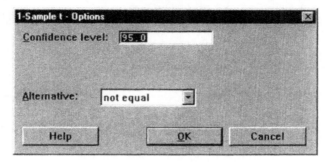

O Minitab fornece os resultados abaixo:

```
T Confidence Intervals
Variable      N    Mean    StDev   SE Mean   95,0% CI
peso (kg)    25   64,60    10,00    2,00    (60,47; 68,73)
```

4.4 Intervalos de confiança para comparação de duas populações

Dadas duas populações independentes I e II com médias μ_1 e μ_2 e variâncias σ_1^2 e σ_2^2, respectivamente, podemos definir os IC para comparar as duas populações de modo análogo aos casos anteriores.

4.4.1 Intervalo de confiança para a diferença de duas médias

Como $\bar{x}_1$ tem distribuição normal com média μ_1 e variância $\frac{\sigma_1^2}{n_1}$ e $\bar{x}_2$ tem distribuição normal com média μ_2 e variância $\frac{\sigma_2^2}{n_2}$, onde n_1 e n_2 são os tamanhos das amostras retiradas das populações I e II respectivamente, se usarmos propriedades de combinações de normais independentes temos que:

$\bar{x}_1 - \bar{x}_2$ tem distribuição normal com média $\mu_1 - \mu_2$ e variância $\frac{\sigma_1^2}{n_1} + \frac{\sigma_2^2}{n_2}$

1.º caso: As variâncias σ_1^2 e σ_2^2 são conhecidas

Nesse caso o IC para a diferença entre as médias, $\mu_1 - \mu_2$, fica:

$$(\bar{x}_1 - \bar{x}_2) - z\sqrt{\frac{\sigma_1^2}{n_1} + \frac{\sigma_2^2}{n_2}} \leq \mu_1 - \mu_2 \leq (\bar{x}_1 - \bar{x}_2) + z\sqrt{\frac{\sigma_1^2}{n_1} + \frac{\sigma_2^2}{n_2}}$$

onde o valor de z é encontrado na tabela para o nível de confiança fixado.

2.º caso: As variâncias σ_1^2 e σ_2^2 são desconhecidas

Nesse caso, para a obtenção do IC para a diferença entre as médias, $\mu_1 - \mu_2$, devemos considerar dois subcasos:

- Se as variâncias σ_1^2 e σ_2^2 podem ser supostas iguais, calcula-se a sua estimativa ponderada:

$$s_p^2 = \frac{(n_1-1)s_1^2 + (n_2-1)s_2^2}{n_1+n_2-2}$$

e o IC fica:

$$(\overline{x}_1 - \overline{x}_2) - t\,s_p\sqrt{\frac{1}{n_1}+\frac{1}{n_2}} \leq \mu_1 - \mu_2 \leq (\overline{x}_1 - \overline{x}_2) + t\,s_p\sqrt{\frac{1}{n_1}+\frac{1}{n_2}}$$

onde t é um t-Student com $n_1 + n_2 - 2$ graus de liberdade.

- Se as variâncias σ_1^2 e σ_2^2 não podem ser supostas iguais o IC fica:

$$(\overline{x}_1 - \overline{x}_2) - t\sqrt{\frac{s_1^2}{n_1}+\frac{s_2^2}{n_2}} \leq \mu_1 - \mu_2 \leq (\overline{x}_1 - \overline{x}_2) + t\sqrt{\frac{s_1^2}{n_1}+\frac{s_2^2}{n_2}}$$

mas o número de graus de liberdade é aproximado e não exatamente igual a $n_1 + n_2 - 2$. Não existe, portanto, um intervalo exato.

4.4.2 Intervalo de confiança para a diferença de duas proporções

De modo análogo, o IC para a diferença entre as proporções de duas populações, ou seja, $p_1 - p_2$ é dado por:

$$(p_1' - p_2') - z\sqrt{\frac{p_1'(1-p_1')}{n_1}+\frac{p_2'(1-p_2')}{n_2}} \leq p_1 - p_2 \leq (p_1' - p_2') + z\sqrt{\frac{p_1'(1-p_1')}{n_1}+\frac{p_2'(1-p_2')}{n_2}}$$

4.5 Usando o programa Minitab

No Minitab os intervalos de confiança podem ser obtidos entrando em:

    Stat
    Basic statistics

2 - *Sample t* $\Rightarrow$ IC para duas médias com desvios padrões desconhecidos
2 - *proportion* $\Rightarrow$ IC para duas proporções

4.6 Exercícios

1. A resistência à tração de 20 corpos de prova de certo material é dada abaixo:

131	144	145	132	146	134	135	147	135	148
138	150	149	138	140	139	139	144	143	142

Estimar através de um intervalo de 95% de confiança o valor da resistência média à tração para esse tipo de material.

2. Uma amostra representativa de 16 peças, retiradas de um lote de 10 000 peças, forneceu para uma dada propriedade $\Sigma(x - \bar{x})^2 = 107{,}178\,0$ e $\Sigma x^2 = 29\,375{,}544\,4$.

   a) Com base nesses resultados, obtenha um intervalo de 99% de confiança para a média dessa propriedade no lote todo.

   b) Com que confiança se diria que a variância dessa propriedade está no intervalo [4,2878; 14,7607]?

   c) Uma outra amostra de 200 peças desse mesmo lote apresentou 11 peças defeituosas. Obtenha o intervalo de 95% de confiança para o número esperado de peças defeituosas no lote todo.

3. Uma amostra representativa de 16 peças sorteadas de um grande lote forneceu os valores mínimo e máximo para a massa média do lote todo que são 52,74 e 54,16 gramas respectivamente, e isso com 90% de segurança. Pede-se estimar, com essa mesma garantia (90%), os valores mínimo e máximo para o desvio padrão das massas do lote todo.

4. Uma máquina produz certo tipo de peça, sendo de 4% a proporção de peças defeituosas.

   a) Qual o número máximo de peças defeituosas que se espera encontrar em um lote de 250 peças produzidas por essa máquina, com 98% de confiança?

   b) Para se estimar essa proporção p de peças defeituosas da máquina, com 99% de confiança e um erro máximo de 1%, qual deveria ser o tamanho necessário da amostra?

5. Uma amostra de 15 peças da produção de uma máquina forneceu, com 90% de confiança, o intervalo de 45,30 a 46,10 gramas para a massa média dessas peças. Estime, com essa mesma confiança, o valor máximo do desvio padrão das massas das peças produzidas por essa máquina.

6. Foi retirada uma amostra de 17 peças de uma linha de produção. Observando-se o diâmetro dessas peças, obteve-se uma estimativa máxima do desvio padrão de 1,57 cm, com uma confiança de 90%, e uma estimativa mínima da média de 9,75 cm, com uma confiança de 99%. Qual o valor da média amostral?

7. Uma amostra tirada de um lote de alguns milhares de peças forneceu os seguintes resultados: soma das medidas dos elementos da amostra = 498,1 unidades; soma dos quadrados de cada uma dessas medidas = 29 907,29 unidades ao quadrado; estimativa do desvio padrão do lote do qual foi tirada essa amostra = 0,840 0 unidades.

   a) Com que grau de confiança seria possível afirmar que a média do lote seria superior a 61,372 1 unidades?

   b) Qual o valor mínimo que você estima, com 90% de confiança, para o desvio padrão no lote?

8. Pela desconfiança de que um lote oferecido a preço de ocasião pudesse conter uma proporção muito elevada de peças fora da especificação, foi tirada uma amostra grande desse lote e foram obtidas, para essa proporção, as estimativas: no mínimo 12,2% e no máximo 16,5% com 90% de confiança. Qual o tamanho da amostra utilizada nessa avaliação?

9. Uma amostra de 175 peças foi tirada de um lote de 5 000 e observou-se que 7 estavam fora da especificação do fabricante. Com uma alta confiabilidade, verificou-se que o número esperado máximo de peças fora da especificação no lote todo é igual a 361 peças. Qual foi o nível de confiança usado na estimação desse valor máximo?

10. Para a análise do desempenho econômico de um tipo de motor de carro considerou-se uma amostra de 16 carros. Entre outras coisas, observou-se que, em média, o motor fazia 8,5 km/L de combustível e que o desvio padrão máximo, com 90% de confiança, foi de 0,66 km/L. Obtenha o intervalo de 98% de confiança para a verdadeira média do desempenho econômico desse tipo de motor.

11. Uma amostra aleatória de 15 peças extraída de um grande lote forneceu para o comprimento (x, em cm) dessas peças:

    $\Sigma (x - \bar{x})^2 = 179{,}62$ e $\Sigma x^2 = 107\ 537,02$

    a) Com base nesses resultados, obtenha um intervalo de 98% de confiança para o comprimento médio das peças no lote todo.
    b) Com que confiança conclui-se que a variância do comprimento está no intervalo [6,856 0; 31,909 8]?
    c) Uma outra amostra de 150 peças desse mesmo lote apresentou 17 peças defeituosas. Obtenha um intervalo de 90% de confiança para a proporção de peças defeituosas no lote todo.

12. Em uma pesquisa de mercado sobre a preferência dos consumidores em relação a um novo produto, 155 de uma amostra de 250 consumidores preferiram o novo produto.

    a) Estime, com 90% de confiança, a proporção mínima de consumidores da população que preferirão esse novo produto.
    b) Qual deveria ser o tamanho necessário da amostra para se obter o intervalo de 95% de confiança para a proporção de consumidores que preferem o novo produto, com um erro máximo de 3%?

4.7 Respostas

1. [138,49; 143,51]
2. a) [40,80; 44,74]
   b) 90%
   c) [234; 866]
3. [1,255; 2,329]
4. a) 17
   b) 2 548
5. 1,18 g
6. 10,5 cm
7. a) 99%
   b) 0,641 1
8. 715
9. 98,5%
10. [8,175 9; 8,824 1]
11. a) [82,2; 87,0]
    b) 95%
    c) [0,070 7; 0,155 9]
12. a) 0,58
    b) 1 006

5 INFERÊNCIA ESTATÍSTICA TESTES DE HIPÓTESES

O objetivo de um teste de hipótese é tomar decisões baseadas nas evidências fornecidas pelos dados amostrais. Suponhamos que seja levantada uma hipótese sobre o valor de um parâmetro e que essa hipótese será considerada válida até prova em contrário. O teste de hipótese é um procedimento que nos levará a rejeitar ou não essa hipótese a partir das evidências obtidas nos resultados amostrais.

5.1 Conceitos fundamentais

Consideremos o seguinte exemplo: Em uma empresa, o tempo médio gasto pelos trabalhadores na execução de um procedimento é de 15 min. Foi implantado um novo sistema para diminuir essa média e os tempos obtidos com uma amostra de dez trabalhadores foram (em min):

12	14	13	12	16	15	11	13	13	16

Calculando a média dessa amostra chega-se ao valor $\bar{x}$ = 13,5 min. Sem dúvida o número 13,5 é menor que o número 15, mas esse resultado 13,5 min é um resultado amostral e, portanto, está sujeito a variações. Fica então a pergunta:

Esse resultado constitui uma evidência de que realmente o tempo médio diminuiu ou ele pode ter ocorrido por mero acaso?

Ou:

Qual é a probabilidade de ocorrer nessa amostra um resultado igual ou menor que $\bar{x}$ = 13,5 min quando a média verdadeira é μ = 15 min? Se essa probabilidade for baixa, temos evidências de que é pouco provável que o valor $\bar{x}$ = 13,5 min tenha ocorrido por mero acaso (dificilmente ocorreria na amostra um valor $\bar{x}$ igual ou menor que 13,5 min se o verdadeiro tempo médio fosse 15 min), ou seja, se esse valor ocorreu, é mais provável que essa amostra pertença a uma população com média menor. Então, temos evidências de que o tempo médio realmente diminuiu.

Para responder a essas perguntas, definimos os conceitos:

1) a hipótese suposta verdadeira até prova em contrário é a *hipótese nula* indicada por H_0, que afirma que não há efeito ou variação na população; a *hipótese alternativa* é indicada por H_1; H_0 e H_1 devem ser mutuamente exclusivas e exaustivas;

2) com o teste tomamos uma entre duas decisões:
   a) rejeitar H_0 e aceitar H_1; ou
   b) não rejeitar H_0;

3) existem dois tipos de erros possíveis de ocorrer:
   a) erro do tipo I: rejeitar H_0 e H_0 ser verdadeiro; ou
   b) erro do tipo II: não rejeitar H_0 e H_0 ser falso;

4) a probabilidade de ocorrer o erro do tipo I é indicada por α e é o *nível de significância* do teste; geralmente o valor de α é fixado pelo pesquisador e costuma ser no máximo 10% (o mais usual é $\alpha = 5\%$);

5) a probabilidade de ocorrer o erro do tipo II é indicada por β;

6) a probabilidade de ocorrer um valor tão extremo (ou muito maior ou muito menor que o valor de H_0) quanto ao obtido na amostra é indicada por P.

No exemplo mencionado acima, as hipóteses de interesse seriam:

$H_0: \mu = 15$ min (H_0 sempre inclui o sinal de igual, da não variação);

$H_1: \mu < 15$ min (H_1 sempre indica o sentido da variação).

Observação:

A todo rigor, $H_0: \mu \geq 15$ min, mas o teste é sempre efetuado a partir do ponto de contato das regiões definidas por H_0 e H_1.

Sabemos que a distribuição da média amostral $\bar{x}$ é normal, ou seja se H_0 for verdadeira temos:

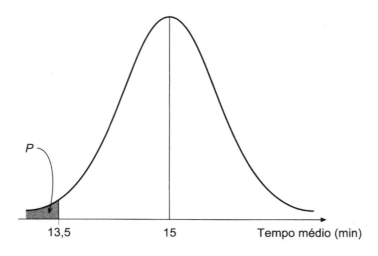

Se já se sabe que o desvio padrão do tempo de execução do procedimento é de 2 min, podemos calcular pela distribuição normal que o valor de P é 0,89%. Esse valor é baixo, mas, para termos um valor de referência que determine o que é um "valor baixo", comparamos o valor de P com o valor de α.

Sabemos que α representa a probabilidade admitida pelo pesquisador de se cometer o erro do tipo I (rejeitar H_0 e H_0 ser verdadeira). Então, com o valor de α fixado, podemos encontrar o valor a partir do qual devemos rejeitar H_0, ou seja, determinamos o chamado valor crítico. O valor P é a probabilidade de ocorrer um valor tão extremo como o que ocorreu na amostra quando H_0 é verdadeiro. A conclusão do teste será, então:

a) se $P \leq \alpha$, rejeitamos H_0 (nesse caso o valor da amostra é tão ou mais extremo que o valor crítico);
b) se $P > \alpha$, não rejeitamos H_0 (nesse caso o valor da amostra é menos extremo que o valor crítico).

No exemplo, $P = 0,89\%$, ou seja, é muito baixa a chance de o valor 13,5 min ter ocorrido por mero acaso, ou seja, 13,5 está tão afastado do valor de H_0 que é mais extremo que os valores críticos para os níveis α usuais. Logo temos que $P < \alpha$ e, portanto, H_0 deve ser rejeitado, ou seja, as evidências indicam que o tempo médio de execução do procedimento diminuiu.

5.2 Testes para a média populacional μ

Generalizando o exemplo do item anterior, suponhamos que uma população tem média μ desconhecida e desvio padrão σ. As hipóteses de interesse são do tipo:

$$\begin{cases} H_0: \mu = \mu_0 \\ H_1: \mu \neq \mu_0 \end{cases} \quad \text{ou} \quad \begin{cases} H_0: \mu = \mu_0 \\ H_1: \mu > \mu_0 \end{cases} \quad \text{ou} \quad \begin{cases} H_0: \mu = \mu_0 \\ H_1: \mu < \mu_0 \end{cases}$$

onde μ_0 é uma constante (o valor de interesse).

Para testar $H_0: \mu = \mu_0$ considera-se uma amostra dessa população de tamanho n e é obtida a estimativa $\bar{x}$ da média populacional μ.

Se vale H_0, sabemos que a distribuição de probabilidades de $\bar{X}$ é normal com média μ_0 e desvio padrão $\sigma/\sqrt{n}$.

1.º caso: A variância σ^2 é conhecida

Supondo-se que a hipótese alternativa seja $H_1: \mu > \mu_0$ podemos calcular a probabilidade P, indicada ao lado, por:

$$P = P\left(Z > \frac{\bar{x} - \mu_0}{\sigma/\sqrt{n}}\right)$$

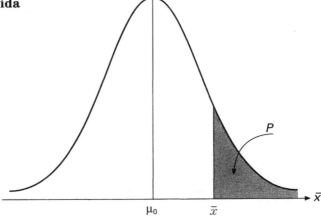

e comparar o valor de P com o nível de significância α fixado pelo pesquisador, conforme foi visto acima. É essa a maneira de aplicar testes do programa estatístico Minitab.

Uma maneira equivalente de se fazer o teste de hipótese seria usar o *valor crítico*. Calculamos o valor z que corresponde ao valor $\bar{x}$ obtido na amostra quando H_0 é verdadeira, ou seja,

$$z = \frac{\bar{x} - \mu_0}{\sigma/\sqrt{n}}$$

para compará-lo com o valor crítico da distribuição normal padrão Z, que corresponde ao nível de significância α, indicado por z_α, e concluímos:
a)   se $z \geq z_\alpha$, rejeitamos H_0;
b)   se $z < z_\alpha$, não rejeitamos H_0.

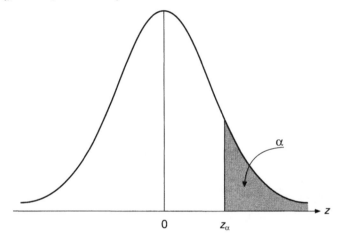

Se a hipótese alternativa for $H_1: \mu < \mu_0$, usamos o mesmo raciocínio, mas agora a região de rejeição de H_0 está na ponta esquerda da curva normal e temos que:
a)   se $z \leq -z_\alpha$, rejeitamos H_0;
b)   se $z > -z_\alpha$, não rejeitamos H_0.

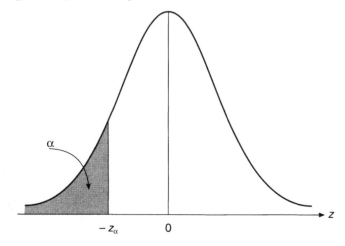

Se a hipótese alternativa for $H_1: \mu \neq \mu_0$, temos o chamado *teste bilateral*, ou seja, temos duas regiões de rejeição: uma na ponta direita e outra na ponta esquerda da curva normal. Para manter o nível de significância α, devemos achar os valores críticos que deixam uma probabilidade igual a $\alpha/2$ em cada ponta da curva:

a) se $|z| \geq z_{\alpha/2}$, rejeitamos H_0
b) se $|z| < z_{\alpha/2}$, não rejeitamos H_0

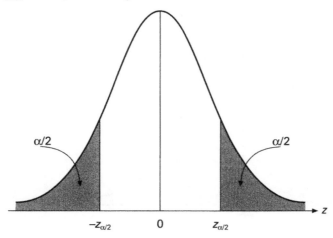

Exemplo 5.1 [*teste unilateral* (ou *monocaudal*)]

Consideremos os dados do exemplo anterior, item 5.1, relativos aos tempos dos 10 trabalhadores. Como já vimos, as hipóteses são:
$H_0: \mu = 15$ min
$H_1: \mu < 15$ min
Dados: $n = 10$ trabalhadores, $\bar{x} = 13,5$, $\sigma = 2$.
Logo,
$$z = \frac{13,5 - 15}{2/\sqrt{10}} = -2,37 \quad \Rightarrow \quad P = 0,008\,9 = 0,89\%$$

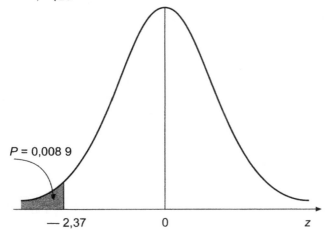

Fixando-se $\alpha = 5\%$, temos que $P < \alpha \Rightarrow$ rejeita-se H_0

Usando o outro procedimento temos:

$\alpha = 5\% \Rightarrow z_\alpha = 1{,}64$

Comparando $z = -2{,}37$ com $z_\alpha = 1{,}64$, temos que $|z| \geq z_\alpha \Rightarrow$ rejeita-se H_0 (ou, de modo equivalente, $z < -z_\alpha$).

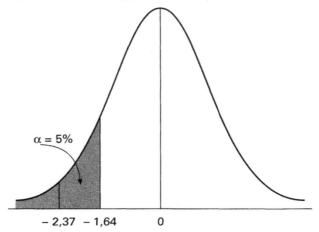

Conclusão: As evidências indicam que o novo sistema realmente diminuiu o tempo médio gasto pelos trabalhadores no procedimento ($\alpha = 5\%$).

Exemplo 5.2 [*teste bilateral*]

O controle de qualidade de uma linha de produção quer verificar se o processo está sob controle analisando se houve alteração no diâmetro das peças produzidas, que deve ser, em média, de 12 cm. Para isso mediu o diâmetro de 20 dessas peças e obteve um diâmetro médio de 12,6 cm. Sabendo-se que o desvio padrão dos diâmetros das peças é de 1,5 cm, qual seria a conclusão do controle de qualidade? (Use $\alpha = 5\%$)

Neste exemplo o objetivo é verificar se o diâmetro médio continua sendo 12 cm ou se houve alteração, ou seja, as hipóteses de interesse são:

$H_0: \mu = 12$ cm
$H_1: \mu \neq 12$ cm

A hipótese H_0 deverá então ser rejeitada se o valor $\bar{x}$ obtido na amostra for significativamente superior ou inferior a 12 cm, ou seja, a rejeição de H_0 pode ocorrer em uma das duas pontas da curva normal. O teste é dito, então, *teste bilateral*. Como o erro máximo admitido pelo pesquisador é α, devemos considerar $\alpha/2$ em cada ponta da curva normal.

Dados: $n = 20$ peças, $\sigma = 1{,}5$ cm, $\bar{x} = 12{,}6$ cm

Logo, $z = \dfrac{12{,}6 - 12}{1{,}5/\sqrt{20}} = 1{,}79 \quad \Rightarrow \quad P = 0{,}036\,7 = 3{,}67\%$

Como $\alpha/2 = 2{,}5\%$, temos que $P > \alpha/2 \Rightarrow$ não rejeitamos H_0.

Ou, pelo outro procedimento, temos que $z_{\alpha/2} = 1{,}96$ e $z = 1{,}79$.

Logo $|z| < z_{\alpha/2} \Rightarrow$ não rejeitamos H_0.

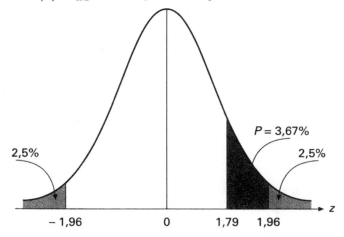

Conclusão: Não há evidências suficientes para se concluir que houve alteração no diâmetro médio, ou seja, o processo está sob controle ($\alpha = 5\%$).

2.º caso: A variância σ^2 é desconhecida

Nesse caso o valor do desvio padrão σ deve ser estimado por meio da amostra, usando-se o estimador s:

$$s = \sqrt{\frac{\sum (x - \overline{x})^2}{n-1}}$$

e não usamos mais a distribuição normal e, sim, a distribuição t-Student com $n-1$ graus de liberdade, como já foi visto no capítulo anterior.

De maneira análoga ao que foi feito no caso anterior, devemos comparar o valor obtido na amostra de n observações com o valor μ_0 de H_0. A estatística do teste será então dada por:

$$t = \frac{\overline{x} - \mu_o}{s/\sqrt{n}}$$

Calculando-se a probabilidade P ou encontrando-se o valor t_α (ou $t_{\alpha/2}$), concluímos de modo análogo ao caso anterior.

Exemplo 5.3:

Uma amostra de 30 peças foi colhida de um grande lote e obteve-se, para a altura das peças, uma média de 92 mm e um desvio padrão de 20 mm. Com esse resultado pode-se afirmar que a altura média das peças do lote é superior a 90 mm?
(Use $\alpha = 5\%$.)

$H_0: \mu = 90$ mm
$H_1: \mu > 90$ mm

Dados: $n = 30$, $\bar{x} = 92$ mm, $s = 20$ mm, $(n - 1) = (30 - 1) = 29$ graus de liberdade (gl)

Logo,

$$t = \frac{92 - 90}{20/\sqrt{30}} = 0{,}55 \quad \Rightarrow \quad P = 0{,}293\,3 = 29{,}33\% \Rightarrow \text{não rejeitamos } H_0.$$

Ou, pelo outro procedimento:

$t_\alpha = 1{,}699$ e $t = 0{,}55$. Logo $t < t_\alpha \Rightarrow$ não rejeitamos H_0.

Conclusão: Não há evidências suficientes para que se possa afirmar que a altura média aumentou.

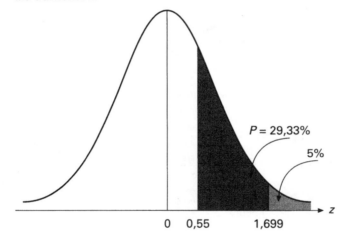

5.3 Teste para a proporção populacional p

Suponha agora que temos interesse em verificar hipóteses a respeito do valor de uma proporção populacional p, ou seja, temos interesse em verificar hipóteses do tipo:

$$\begin{cases} H_0: p = p_0 \\ H_1: p \neq p_0 \end{cases} \quad \text{ou} \quad \begin{cases} H_0: p = p_0 \\ H_1: p > p_0 \end{cases} \quad \text{ou} \quad \begin{cases} H_0: p = p_0 \\ H_1: p < p_0 \end{cases}$$

onde p_0 é um valor de interesse.

Como já foi visto no capítulo anterior, o estimador p' tem distribuição aproximada à de uma normal com média p e variância $\dfrac{p(1-p)}{n}$ quando o tamanho da amostra n é suficientemente grande. Logo, se vale a hipótese $H_0: p = p_0$, podemos calcular a estatística:

$$z = \frac{p' - p_0}{\sqrt{\dfrac{p_0(1-p_0)}{n}}}$$

e, do mesmo modo como foi feito nos casos anteriores, calculamos a probabilidade P associada a esse valor z e concluímos.

Exemplo 5.4

De um grande lote de disquetes produzidos tiramos uma amostra de 240 disquetes e observamos que 6 apresentavam problemas. Com esse resultado, pode-se concluir que a proporção de disquetes com problemas no lote é inferior a 3%? (Use 5% de significância.)

$H_0: p = 3\%$
$H_1: p < 3\%$

Dados: $n = 240$, $\quad p' = \dfrac{6}{240} = 0,025$

Logo,

$$z = \dfrac{0,025 - 0,03}{\sqrt{\dfrac{0,03(1-0,03)}{240}}} = -0,45 \quad \Rightarrow \quad P = 0,33 = 33\%$$

Como $\alpha = 5\%$, $P > \alpha$ e não rejeitamos H_0.

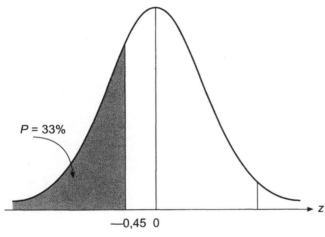

Conclusão: Não podemos afirmar que a proporção de disquetes com problemas é inferior a 3%. ($\alpha = 5\%$)

5.4 Teste para o desvio padrão populacional σ (ou variância σ^2)

Agora o objetivo é testar hipóteses a respeito do valor do desvio padrão, ou seja, hipóteses do tipo:

$$\begin{cases} H_0: \sigma = \sigma_0 \\ H_1: \sigma \neq \sigma_0 \end{cases} \quad \text{ou} \quad \begin{cases} H_0: \sigma = \sigma_0 \\ H_1: \sigma > \sigma_0 \end{cases} \quad \text{ou} \quad \begin{cases} H_0: \sigma = \sigma_0 \\ H_1: \sigma < \sigma_0 \end{cases}$$

onde σ_0 é um valor de interesse.

Como já foi visto no capítulo anterior, $\frac{(n-1)s^2}{\sigma^2}$ tem distribuição qui-quadrado com $(n-1)$ graus de liberdade, onde s é o estimador do desvio padrão σ.

Logo, se vale a hipótese H_0: $\sigma = \sigma_0$, podemos calcular a estatística:

$$\chi^2 = \frac{(n-1)s^2}{\sigma_0^2}$$

e, do mesmo modo como foi feito nos casos anteriores, calculamos a probabilidade P associada a esse valor χ^2 e concluímos.

Exemplo 5.5

Para verificar se a variabilidade das espessuras de um tipo de disco metálico é inferior a 3 mm, considerou-se uma amostra de 25 desses discos e obteve-se uma estimativa para o desvio padrão de 1,8 mm. Com este resultado, qual seria a conclusão a respeito da variabilidade das espessuras? (Use $\alpha = 5\%$.)

H_0: $\sigma = 3$ mm
H_1: $\sigma < 3$ mm

Dados: $n = 25$, $s = 1{,}8$ mm

Logo,

$$\chi^2 = \frac{(25-1)1{,}8^2}{3^2} = 8{,}64 \quad \Rightarrow \quad P = 0{,}001\,7 = 0{,}17\%$$

Como $\alpha = 5\%$, $P < \alpha$ e rejeitamos H_0.

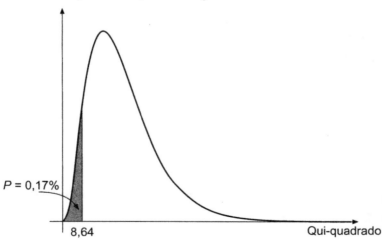

Ou, pelo outro procedimento, usamos uma tabela da distribuição qui-quadrado. Neste exemplo, o número de graus de liberdade é $\phi = 25 - 1 = 24$ e $\alpha = 5\%$. Como H_1: $\sigma < 3$, a região de rejeição está na ponta esquerda da curva, ou seja,

$\chi_c^2 = 13{,}848 \quad \Rightarrow \quad \chi^2 < \chi_c^2 \Rightarrow$ rejeita-se H_0.

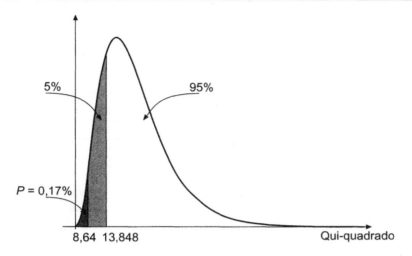

Conclusão: Podemos concluir que a variabilidade das espessuras dos discos é inferior a 3 mm ($\alpha = 5\%$).

5.5 Testes para comparação de duas médias
5.5.1 Dados emparelhados

Temos duas amostras com dados emparelhados quando fazemos estudos comparativos em que uma mesma unidade experimental fornece dados em duas situações diferentes.

Exemplo 5.6

Para verificar se um curso de aperfeiçoamento de Língua Inglesa melhora significativamente o nível de conhecimento de inglês de seus participantes, foi considerada uma amostra de 20 participantes do curso. Eles foram submetidos a um teste antes do início do curso e, após 4 semanas de curso, fizeram novamente o teste. Com os resultados obtidos na tabela abaixo qual seria a conclusão sobre o curso de aperfeiçoamento? (Use $\alpha = 5\%$.)

Notas obtidas pelos participantes (de 0 a 40)					
Participante	Nota antes	Nota depois	Participante	Nota antes	Nota depois
1	32	34	11	30	36
2	31	31	12	20	26
3	29	35	13	24	27
4	10	16	14	24	24
5	30	33	15	31	32
6	33	36	16	30	31
7	22	24	17	15	15
8	25	28	18	32	34
9	32	26	19	23	26
10	20	26	20	23	26

Nesta tabela, as notas antes e depois do curso são fornecidas pelo mesmo participante, ou seja, os dados são *pareados*. Para testar as hipóteses de interesse consideramos, então, a *amostra das diferenças* (antes – depois) e voltamos ao caso do teste de uma única média com variância desconhecida. No exemplo temos:

Participante	Amostra das diferenças	Participante	Amostra das diferenças
1	–2	11	–6
2	0	12	–6
3	–6	13	–3
4	–6	14	0
5	–3	15	–1
6	–3	16	–1
7	–2	17	0
8	–3	18	–2
9	6	19	–3
10	–6	20	–3

As hipóteses de interesse são: $H_0: \mu_d = 0$
$H_1: \mu_d < 0$

onde μ_d é a verdadeira média das diferenças (antes – depois). Se houve melhora com o curso, a média antes deve ser menor que a média depois, ou seja, μ_d deve ser negativa.

Calculando a média $\bar{x}$ e o desvio padrão s da amostra das diferenças usamos o teste:

$$t = \frac{\bar{x} - \mu_0}{s/\sqrt{n}}.$$

No exemplo, $\bar{x} = -2,5$ e $s = 2,893$. Logo,

$$t = \frac{-2,5 - 0}{2,893/\sqrt{20}} = -3,86 \quad \Rightarrow \quad P = 0,000\ 53, \text{ ou seja, } P < \alpha \text{ e rejeitamos } H_0.$$

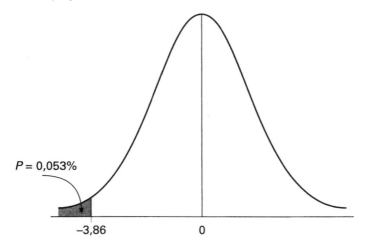

Conclusão: As evidências indicam que, de fato, o curso melhora o nível de conhecimento de inglês dos participantes, pois a média obtida no teste depois do curso foi maior que a obtida antes do curso ($\alpha = 5\%$).

5.5.2 Duas amostras independentes (não emparelhadas)

O objetivo agora é comparar as médias μ_1 e μ_2 de duas populações (I e II) por meio de uma amostra de cada população, de tamanhos n_1 e n_2, respectivamente. As hipóteses de interesse são do tipo:

$$\begin{cases} H_0: \mu_1 = \mu_2 \\ H_1: \mu_1 \neq \mu_2 \end{cases} \quad \text{ou} \quad \begin{cases} H_0: \mu_1 = \mu_2 \\ H_1: \mu_1 > \mu_2 \end{cases} \quad \text{ou} \quad \begin{cases} H_0: \mu_1 = \mu_2 \\ H_1: \mu_1 < \mu_2 \end{cases}$$

que são equivalentes a:

$$\begin{cases} H_0: \mu_1 - \mu_2 = 0 \\ H_1: \mu_1 - \mu_2 \neq 0 \end{cases} \quad \text{ou} \quad \begin{cases} H_0: \mu_1 - \mu_2 = 0 \\ H_1: \mu_1 - \mu_2 > 0 \end{cases} \quad \text{ou} \quad \begin{cases} H_0: \mu_1 - \mu_2 = 0 \\ H_1: \mu_1 - \mu_2 < 0 \end{cases}$$

O teste pode ser feito, então, partindo da diferença entre as médias amostrais $\bar{x}_1$ e $\bar{x}_2$, estimativas de μ_1 e μ_2, respectivamente. Pelas propriedades já conhecidas da média amostral, sabemos que a distribuição de $\bar{x}_i$ é uma normal com média μ_i e variância σ_i^2/n_i onde σ_i^2 é a variância da população i, para $i = 1,2$. Como as amostras são independentes entre si, a distribuição de $(\bar{x}_1 - \bar{x}_2)$ também será normal com:

$$\text{média} = \mu_1 - \mu_2 \text{ e variância} = \frac{\sigma_1^2}{n_1} + \frac{\sigma_2^2}{n_2}$$

Para testar as hipóteses acima, são possíveis três casos:

1.º caso: As variâncias σ_i^2 são conhecidas

Se vale $H_0: \mu_1 - \mu_2 = \Delta$, onde Δ é o valor de interesse (quase sempre o valor de interesse é $\Delta = 0$), a estatística do teste será:

$$z = \frac{\bar{x}_1 - \bar{x}_2 - \Delta}{\sqrt{\dfrac{\sigma_1^2}{n_1} + \dfrac{\sigma_2^2}{n_2}}}$$

e as conclusões são análogas às dos casos anteriores.

2.º caso: As variâncias σ_i^2 são desconhecidas, mas supostas iguais

Nesse caso, como desconhecemos σ_1^2 e σ_2^2, esses devem ser estimados por s_1^2 e s_2^2. Se tivermos evidências suficientes para aceitar que σ_1^2 e σ_2^2 são iguais, temos que s_1^2 e s_2^2 estimam um mesmo valor. Calculamos, então, um valor ponderado entre os valores s_1^2 e s_2^2, ou seja,

$$s_p^2 = \frac{(n_1 - 1)s_1^2 + (n_2 - 1)s_2^2}{n_1 + n_2 - 2}$$

e supondo $H_0: \mu_1 - \mu_2 = \Delta$ verdadeiro, usamos a estatística

$$t = \frac{\overline{x}_1 - \overline{x}_2 - \Delta}{s_p \sqrt{\dfrac{1}{n_1} + \dfrac{1}{n_2}}}$$

onde t tem distribuição t-Student com $(n_1 + n_2 - 2)$ graus de liberdade e as conclusões são análogas às dos casos anteriores.

3.º caso: as variâncias σ_i^2 são desconhecidas e diferentes

Nesse caso σ_1^2 e σ_2^2 devem ser estimados por s_1^2 e s_2^2, mas não existe um teste exato. Podemos usar a estatística

$$t = \frac{\overline{x}_1 - \overline{x}_2 - \Delta}{\sqrt{\dfrac{s_1^2}{n_1} + \dfrac{s_2^2}{n_2}}}$$

mas esse t não segue exatamente uma distribuição t-Student. É uma distribuição aproximada. Para amostras suficientemente grandes a aproximação é razoável. É possível também fazer o cálculo do número de graus de liberdade ϕ por meio da fórmula de Aspin-Welch:

$$\phi = \frac{(w_1 + w_2)^2}{\dfrac{w_1^2}{n_1 + 1} + \dfrac{w_2^2}{n_2 + 1}} - 2 \quad \text{onde} \quad w_1 = \frac{s_1^2}{n_1} \quad \text{e} \quad w_2 = \frac{s_2^2}{n_2}$$

Exemplo 5.7

Duas fábricas devem ser comparadas em relação ao tempo gasto por seus trabalhadores para executar determinada tarefa. Na fábrica A são considerados 15 trabalhadores e são obtidos um tempo médio estimado de 12 min e um desvio padrão de 2 min. Na fábrica B são considerados 20 trabalhadores e o tempo médio obtido é de 10 min e o desvio padrão é de 3 min. Sabendo-se que o tempo de execução da tarefa tem a mesma variabilidade nas duas fábricas, pode-se considerar que os trabalhadores da fábrica B são mais rápidos que os da A? (Use nível de 5% de significância.)

$H_0: \mu_A = \mu_B$
$H_1: \mu_A > \mu_B$ (pois B deve ser mais rápido que A)

Dados: Fábrica A: Fábrica B:
         $n_1 = 15$ $n_2 = 20$
         $\overline{x}_1 = 12$ $\overline{x}_2 = 10$
         $s_1 = 2$ $s_2 = 3$

Como as duas fábricas têm a mesma variabilidade, podemos supor que $\sigma_1 = \sigma_2$ e usar o teste do 2.º caso:

$$s_p^2 = \frac{(15-1)4 + (20-1)9}{15+20-2} = 6{,}88 \quad \Rightarrow \quad s_p = 2{,}62$$

$$t = \frac{12-10}{2{,}62\sqrt{\dfrac{1}{15}+\dfrac{1}{20}}} = 2{,}23 \quad \Rightarrow \quad gl = 15+20-2 = 33 \quad \Rightarrow \quad P = 0{,}016 = 1{,}6\%$$

Como $\alpha = 5\% \Rightarrow P < \alpha \Rightarrow$ rejeitamos H_0

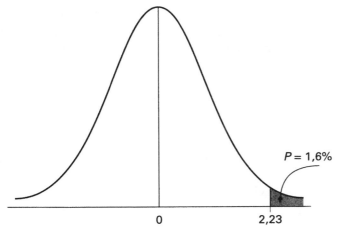

Conclusão: As evidências nos levam a concluir que, na fábrica B, os trabalhadores são mais rápidos que na A.

5.6 Teste para comparação de duas proporções

O objetivo é comparar as proporções p_1 e p_2 de duas populações (I e II) a partir de dados obtidos com amostras dessas populações de tamanhos n_1 e n_2, respectivamente. As hipóteses de interesse são:

$$\begin{cases} H_0: p_1 = p_2 \\ H_1: p_1 \neq p_2 \end{cases} \text{ou} \quad \begin{cases} H_0: p_1 = p_2 \\ H_1: p_1 > p_2 \end{cases} \text{ou} \quad \begin{cases} H_0: p_1 = p_2 \\ H_1: p_1 < p_2 \end{cases}$$

que são equivalentes a:

$$\begin{cases} H_0: p_1 - p_2 = 0 \\ H_1: p_1 - p_2 \neq 0 \end{cases} \text{ou} \quad \begin{cases} H_0: p_1 - p_2 = 0 \\ H_1: p_1 - p_2 > 0 \end{cases} \text{ou} \quad \begin{cases} H_0: p_1 - p_2 = 0 \\ H_1: p_1 - p_2 < 0 \end{cases}$$

Obtendo-se as duas estimativas p_1' e p_2' das proporções populacionais p_1 e p_2 sabemos que, para amostras suficientemente grandes, a distribuição de $(p_1' - p_2')$ é aproximadamente uma normal com

$$\text{média} = p_1 - p_2 \text{ e variância} = \frac{p_1(1-p_1)}{n_1} + \frac{p_2(1-p_2)}{n_2}$$

Então, se vale H_0: $p_1 - p_2 = \theta$, onde θ é o valor de interesse (quase sempre o valor de interesse é $\theta = 0$), a estatística do teste será:

$$z = \frac{p_1' - p_2' - \theta}{\sqrt{\dfrac{p_1'(1-p_1')}{n_1} + \dfrac{p_2'(1-p_2')}{n_2}}}$$

e as conclusões são análogas aos casos anteriores.

Observação: Como na maioria dos casos a hipótese de interesse é verificar se p_1 e p_2 são iguais, ou seja, $\theta = 0$ e H_0: $p_1 - p_2 = 0$, temos que p_1' e p_2' estimam um mesmo valor e, portanto, podemos calcular uma média ponderada dessas duas estimativas:

$$p' = \frac{n_1 p_1' + n_2 p_2'}{n_1 + n_2}$$

e a estatística z fica

$$z = \frac{p_1' - p_2'}{\sqrt{p'(1-p')\left(\dfrac{1}{n_1} + \dfrac{1}{n_2}\right)}}$$

Exemplo 5.8

Uma amostra de 370 azulejos tirados da produção de um dado dia acusou 19 azulejos com defeito. Numa amostra de 165 azulejos da produção do dia seguinte havia 15 azulejos com defeito. Há razões estatísticas válidas para se afirmar que nesse segundo dia a produção tenha piorado? (Use nível de 5% de significância.)

H_0: $p_1 = p_2$
H_1: $p_1 < p_2$

onde p_i é a proporção de defeitos no dia i, $i = 1,2$.

Dados: $n_1 = 370$ $n_2 = 165$
19 com defeito   15 com defeito

Logo,

$$p_1' = \frac{19}{370} = 0{,}051 \quad \text{e} \quad p_2' = \frac{15}{165} = 0{,}091$$

$$p' = \frac{19+15}{370+165} = 0{,}064$$

Então

$$z = \frac{0{,}051 - 0{,}091}{\sqrt{0{,}064(1-0{,}064)\left(\dfrac{1}{370} + \dfrac{1}{165}\right)}} = -1{,}746 \quad \Rightarrow \quad P = 0{,}04 = 4\%$$

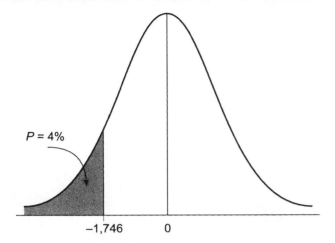

Ou seja, $P < \alpha$. Logo rejeitamos H_0 e concluímos que há razões válidas para afirmarmos que no segundo dia a produção piorou.

5.7 Teste para a comparação de duas variâncias

Para comparar as variâncias σ_1^2 e σ_2^2, desconhecidas, de duas populações, as hipóteses de interesse são:

$$\begin{cases} H_0: \sigma_1^2 = \sigma_2^2 \\ H_1: \sigma_1^2 \neq \sigma_2^2 \end{cases} \quad \text{ou} \quad \begin{cases} H_0: \sigma_1^2 = \sigma_2^2 \\ H_1: \sigma_1^2 > \sigma_2^2 \end{cases} \quad \text{ou} \quad \begin{cases} H_0: \sigma_1^2 = \sigma_2^2 \\ H_1: \sigma_1^2 < \sigma_2^2 \end{cases}$$

Sabemos que as estimativas s_1^2 e s_2^2 têm distribuição proporcional a um qui-quadrado, ou seja,

$$\frac{(n_i - 1)s_i^2}{\sigma_i^2} = \chi_{n_i - 1}^2 \text{ [qui - quadrado com } (n_i - 1) \text{ graus de liberdade]}, i = 1, 2.$$

Vamos então definir uma nova distribuição, a *distribuição F-Snedecor:* define-se a variável F com V_1 graus de liberdade no numerador e v_2 graus de liberdade no denominador por

$$F\nu_1, \nu_2 = \frac{\chi_{\nu_1}^2 / \nu_1}{\chi_{\nu_2}^2 / \nu_2}$$

ou seja, a distribuição F é o quociente de dois qui-quadrados independentes, divididos pelos respectivos graus de liberdade. Esta distribuição tem a forma

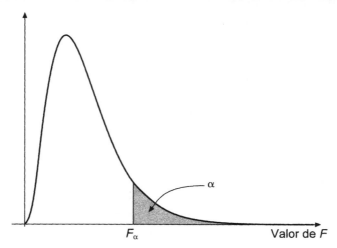

Então, se testamos $H_0: \sigma_1^2 = \sigma_2^2$ contra $H_1: \sigma_1^2 > \sigma_2^2$, temos que

$$\frac{\dfrac{(n_1-1)s_1^2}{\sigma_1^2} \Big/ (n_1-1)}{\dfrac{(n_2-1)s_2^2}{\sigma_2^2} \Big/ (n_2-1)}$$

tem distribuição F com $(n_1 - 1)$ graus de liberdade no numerador e $(n_2 - 1)$ graus de liberdade no denominador. Se vale H_0, σ_1^2 e σ_2^2 são iguais e a expressão acima fica simplificada a:

$$F = \frac{s_1^2}{s_2^2}$$

Se a hipótese H_0 for falsa, o valor de F tende a ser elevado, pois, nesse caso, concluiríamos que $\sigma_1^2 > \sigma_2^2$ (ou seja, s_1^2 deve ser maior que s_2^2). Devemos então rejeitar H_0 quando o valor de F for alto, isto é, estiver tão deslocado para a ponta direita da curva que teremos $P \leq \alpha$.

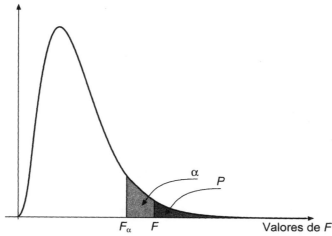

Observação:
Se quisermos manter o critério de rejeição na ponta direita da curva F, como no caso ora citado, podemos fazer o teste sempre colocando o maior valor entre s_1^2 e s_2^2 no numerador e o menor no denominador, ou seja, independente de qual seja H_1, calculamos

$$F = \frac{\max(s_1^2, s_2^2)}{\min(s_1^2, s_2^2)}$$

e rejeitamos H_0 se $P \leq \alpha$ (ou $P \leq \alpha/2$, no caso de o teste ser bilateral, ou seja, $H_1: \sigma_1^2 \neq \sigma_2^2$).

Exemplo 5.9

O fabricante I de um tipo especial de aço afirma que, em relação à resistência à tração, seu produto é mais homogêneo que o do fabricante II. Para verificar essa afirmação foi considerada uma amostra de 11 cabos de aço do fabricante I e uma de 15 cabos do II. As estimativas dos desvios padrões obtidas foram, respectivamente, 5 kg/cm² e 8 kg/cm². Com esses resultados, qual seria a conclusão a respeito da afirmação do fabricante I? (Use nível de 2,5% de significância.)

$H_0: \sigma_1^2 = \sigma_2^2$
$H_1: \sigma_1^2 < \sigma_2^2$

Dados: Fabricante I   Fabricante II
           $n_1 = 11$ $n_2 = 15$
           $s_1 = 5$ $s_2 = 8$
           $gl = (11 - 1) = 10$ $gl = (15 - 1) = 14$

$F_{14,10} = \dfrac{8^2}{5^2} = 2,56 \quad \Rightarrow \quad P = 0,07 \quad \Rightarrow \quad P > \alpha$ não rejeitamos H_0.

Logo, não há evidências suficientes para confirmar a afirmação do fabricante I.

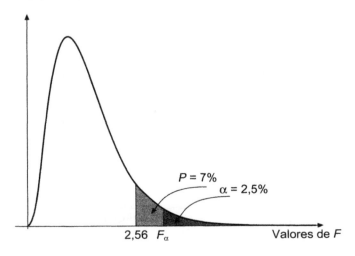

5.8 Teste para a comparação de várias variâncias

Consideremos k populações ($k \geq 2$), cada uma delas com variância σ_i^2 desconhecida, $i = 1, 2, 3, ..., k$. O objetivo é verificar se as k populações têm a mesma variância, ou seja, testar:

H_0: $\sigma_1^2 = \sigma_2^2 = \sigma_3^2 = ... = \sigma_k^2$
H_1: existe pelo menos uma diferença entre as variâncias

Colhendo-se uma amostra de tamanho n_i de cada população, obtemos as variâncias estimadas s_i^2, $i = 1, 2, 3, ..., k$ e podemos usar o *Teste de Bartlett* que é baseado na estatística:

$$\chi^2 = \frac{1}{C}\left[(n-k)\ln\frac{\sum(n_i-1)s_i^2}{n-k} - \sum(n_i-1)\ln s_i^2\right]$$

onde

$$C = 1 + \frac{1}{3(k-1)}\left(\sum\frac{1}{n_i-1} - \frac{1}{n-k}\right)$$

e

$$n = \sum n_i$$

Se vale H_0, a expressão χ^2 acima é aproximadamente uma distribuição qui-quadrado com $(k-1)$ graus de liberdade. Quando H_0 é falsa, o valor da expressão χ^2 tende a crescer. Portanto a rejeição de H_0 deve ocorrer para valores grandes de χ^2, ou seja, rejeitamos H_0 quando a probabilidade P da ponta direita (acima do valor χ^2) da curva qui-quadrado for menor ou igual ao nível de significância α.

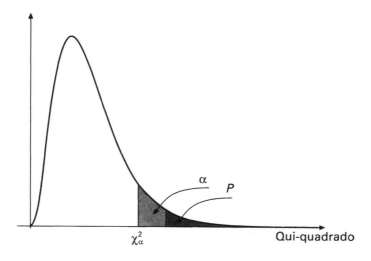

Exemplo 5.10

Para comparar os comprimentos das peças de três grandes lotes foram selecionadas amostras, uma de cada lote, que forneceram os seguintes resultados:

Lote 1   Lote 2   Lote 3
$n_1 = 30$ $n_2 = 35$ $n_3 = 32$
$s_1^2 = 48$ $s_2^2 = 40$ $s_3^2 = 47$

Verifique, ao nível de 10% de significância, se podemos considerar que os três lotes têm a mesma variabilidade.

$H_0: \sigma_1^2 = \sigma_2^2 = \sigma_3^2$
H_1: existe pelo menos uma variância diferente

Para organizar a resolução podemos montar a tabela abaixo:

	$n_i - 1$	s_i^2	$(n_i - 1) s_i^2$	$(n_i - 1) \ln s_i^2$
Lote 1	29	48	1 392	112,26
Lote 2	34	40	1 360	125,42
Lote 3	31	47	1 457	119,35
Total	94	—	4 209	357,03

O valor do qui-quadrado será:

$$\chi^2 = \frac{1}{C}\left[94\ln\left(\frac{4\,209}{94}\right) - 357,03\right] = \frac{1}{C} 0,33$$

e

$$C = 1 + \frac{1}{3(3-1)}\left(\frac{1}{29} + \frac{1}{34} + \frac{1}{31} - \frac{1}{94}\right) = 1,01$$

portanto

$$\chi^2 = \frac{0,33}{1,01} = 0,327$$

Como $k = 3$, o número de graus de liberdade é $gl = 3 - 1 = 2 \Rightarrow P = 0,849 = 84,9\%$ (ou, para $\alpha = 10\%$, $\chi_\alpha^2 = 4,605$).

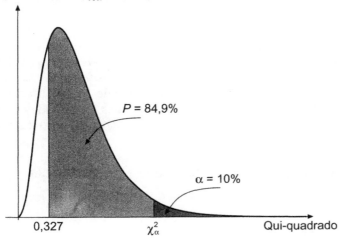

Como $P > \alpha$ (ou $\chi^2 < \chi_\alpha^2$), não rejeitamos H_0. Com isso, podemos admitir que as variâncias nos três lotes são iguais.

Observações:

1) Note que, se rejeitamos H_0, sabemos que as variâncias não podem ser supostas todas iguais, mas não podemos saber qual ou quais apresentam diferenças em relação às demais. Para elucidar isso, existem técnicas especiais.

2) O valor de C é sempre maior que 1, embora não muito maior. Logo C sempre diminui ligeiramente o valor final da estatística χ^2.

5.9 Teste para a comparação de várias médias: análise de variância

Consideremos k populações ($k \geq 2$), cada uma com média μ_i desconhecida, $i = 1, 2, ..., k$. Queremos agora verificar se essas k médias podem ser supostas iguais, ou seja, testar:

$H_0: \mu_1 = \mu_2 = ... = \mu_k$
$H_1:$ existe pelo menos uma média diferente das demais

O teste para esse caso é conhecido como *análise de variância* (ANOVA).

Colhendo uma amostra de tamanho n_i de cada população i, obtemos as médias amostrais $\bar{x}_i$, para $i = 1, 2, 3, ..., k$.

Amostra 1	Amostra 2	...	Amostra k
x_{11}	x_{21}	...	x_{k1}
x_{12}	x_{22}	...	x_{k2}
x_{13}	x_{23}	...	x_{k3}
$\vdots$	$\vdots$		$\vdots$
x_{1n_1}	x_{2n_2}	...	x_{kn_k}
$\bar{x}_1$	$\bar{x}_2$	...	$\bar{x}_k$

Temos ainda a média geral de todas as k amostras indicada por $\bar{x}$ e o número total de observações $n = \sum_{i=1}^{k} n_i$.

Mesmo que H_0 seja verdadeira, as estimativas $\bar{x}_i$ não serão todas iguais. Vai existir sempre uma variabilidade entre as médias amostrais. O objetivo da *análise de variância* é verificar quão grande é essa variabilidade em relação à variabilidade que se observa dentro de cada amostra. Com isso, o teste de igualdade de várias médias na verdade compara a dispersão (variância) entre as médias amostrais e a dispersão (variância) que existe dentro de cada amostra.

5.9.1 Suposições básicas para o uso da análise de variância

1) As k populações são independentes, cada uma com distribuição normal com média μ_i desconhecida e variância σ_i^2, $i = 1, 2, 3, ..., k$.

2) As variâncias σ_i^2 podem ser supostas todas iguais, $i = 1, 2, 3, ..., k$.

Observação:
A análise de variância não é muito sensível a violações na suposição 2 ora indicada. Deve-se tentar colher amostras de tamanho não muito pequeno e, de preferência, de mesmo tamanho (ou de tamanhos próximos).

Na montagem da análise de variância vamos, então, trabalhar com a idéia de que a variação total dos dados vem de duas fontes: variação entre as amostras e variação dentro das amostras.

Variação total: É dada pela soma

$$SQT = \sum_{i=1}^{k}\sum_{j=1}^{n_i}(x_{ij}-\overline{x})^2 = \sum_{i=1}^{k}\sum_{j=1}^{n_i}x_{ij}^2 - \frac{\left(\sum_{i=1}^{k}\sum_{j=1}^{n_i}x_{ij}\right)^2}{n} \quad \left(\begin{array}{c}\text{soma de}\\\text{quadrados total}\end{array}\right)$$

Variação entre as amostras: É dada pela soma

$$SQE = \sum_{i=1}^{k}n_i(\overline{x}_i-\overline{x})^2 = \sum_{i=1}^{k}\frac{\left(\sum_{j=1}^{n_i}x_{ij}\right)^2}{n_i} - \frac{\left(\sum_{i=1}^{k}\sum_{j=1}^{n_i}x_{ij}\right)^2}{n} \quad \left(\begin{array}{c}\text{soma de}\\\text{quadrados}\\\text{entre amostras}\end{array}\right)$$

Variação dentro das amostras: É dada pela soma

$$SQR = \sum_{i=1}^{k}\sum_{j=1}^{n_i}x_{ij}^2 - \sum_{i=1}^{k}\frac{\left(\sum_{j=1}^{n_i}x_{ij}\right)^2}{n_i} \quad \left(\begin{array}{c}\text{soma de}\\\text{quadrados residual}\end{array}\right)$$

Verifica-se que
$$SQT = SQE + SQR$$
e pode-se mostrar que cada uma dessas somas é um qui-quadrado:

SQT é um qui-quadrado com $(n-1)$ graus de liberdade
SQE é um qui-quadrado com $(k-1)$ graus de liberdade
SQR é um qui-quadrado com $(n-k)$ graus de liberdade

Podemos, então, montar a chamada tabela de análise de variância (ANOVA).

Fonte de variação FV	Graus de liberdade GL	Soma de quadrados SQ	Quadrados médios QM	Valor de F F_{cal}	Probabilidade P
Entre amostras	$k-1$	SQE	$QME = \dfrac{SQE}{k-1}$	$F_{cal} = \dfrac{QME}{QMR}$	$P = P(F > F_{cal})$
Residual	$n-k$	SQR	$QMR = \dfrac{SQR}{n-k}$		
Total	$n-1$	SQT			

Como QME e QMR são dois qui-quadrados divididos pelos respectivos graus de liberdade, F_{cal} tem distribuição F-Snedecor com $(k-1)$ graus de liberdade no numerador e $(n-k)$ graus de liberdade no denominador. Se vale

$$H_0: \mu_1 = \mu_2 = \ldots = \mu_k,$$

o valor de *SQE* deve ser relativamente baixo, ou seja, devemos ter $QME \cong QMR$. Se H_0 for falsa, QME deverá ser bem maior do que QMR. Logo, quando F_{cal} é um valor alto, temos evidências de que a hipótese H_0 é falsa e, portanto, deve ser rejeitada. Então, fixado o nível de significância α, rejeitamos H_0 se

$$F_{cal} \geq F_\alpha \text{ ou se } P \leq \alpha$$

Exemplo 5.11

Continuando o exemplo 5.10, podemos verificar se os três lotes têm a mesma média com os dados adicionais:

Lote 1
$\Sigma x = 2\,280$
$\Sigma x^2 = 174\,672$

Lote 2
$\Sigma x = 2\,800$
$\Sigma x^2 = 225\,360$

Lote 3
$\Sigma x = 2\,784$
$\Sigma x^2 = 243\,665$

$H_0: \mu_1 = \mu_2 = \mu_3$
H_1: existe pelo menos uma média diferente

$$SQT = (174\,672 + 225\,360 + 243\,665) - (2\,280 + 2\,800 + 2\,784)^2 / 97 = 6\,145{,}494\,8$$

$$SQE = \left(\frac{2\,280^2}{30} + \frac{2\,800^2}{35} + \frac{2\,784^2}{32}\right) - (2\,280 + 2\,800 + 2\,784)^2 / 97 = 1\,936{,}494\,8$$

$SQR = SQT - SQE = 4\,209{,}000\,0$

Logo a tabela ANOVA fica:

FV	GL	SQ	QM	F_{cal}	P
Entre amostras	2	1 936,494 8	968,247 4	$F_{cal} = \dfrac{968{,}247\,4}{44{,}776\,6} = 21{,}62$	$\cong 0$
Residual	94	4 209,000 0	44,776 6		
Total	96	6 145,494 8		Se $\alpha = 5\%$, $P \ll \alpha$ e rejeita-se H_0 (ou, $F_\alpha = 3{,}09$ e $F_{cal} > F_\alpha$, rejeita-se H_0)	

Conclusão: As evidências indicam que os comprimentos médios não podem ser supostos iguais para os três lotes. Existe pelo menos um dos lotes diferente mas só com o teste acima não podemos perceber qual (ou quais) lote(s) é (são) diferente(s) dos demais.

Observações:

1) Para comparar os lotes entre si no exemplo acima precisaríamos usar um dos métodos de *comparações múltiplas*. Os mais comuns são os métodos de Tukey e de Scheffé, que não serão vistos neste texto, mas podem ser encontrados com o uso do Minitab.

2) A análise de variância pode ser feita com dois ou mais fatores de interesse. No exemplo 5.10, cada lote poderia ter sido produzido por várias máquinas diferentes, ou seja, além do fator lote, teríamos também o fator máquina. O exercício 15, no fim deste capítulo, é um exemplo desse tipo de situação.

5.10 Usando o programa Minitab

Os testes de hipóteses podem ser feitos no programa Minitab clicando os mesmos comandos usados para os intervalos de confiança. Basta acrescentarem-se as hipóteses testadas.

5.10.1 Exemplo de aplicação no Minitab

Usando os dados do exemplo 5.8 do texto, temos um teste para comparar duas proporções. Clicando:

    Stat

    Basic Statistics

    2-proportions

Preenchemos as janelas com os dados e as hipóteses, conforme é mostrado abaixo:

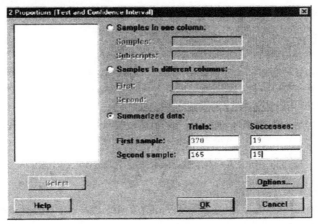

Clicando *Options* aparece a janela abaixo, e nela especificamos o nível de significância (que é o complementar do nível de confiança) e as hipóteses de interesse:

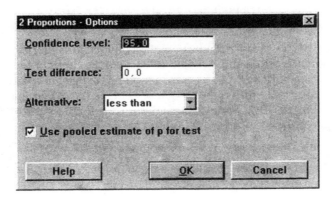

Obtemos, então, os resultados a seguir:

Test and CI for Two Proportions

```
Sample      X          N          Sample p
1           19         370        0,051351
2           15         165        0,090909

Estimate for p(1) - p(2):            -0,0395577
95% upper bound for p(1) - p(2):      0,00181080
Test for p(1) - p(2) = 0 (vs < 0):   Z = -1,73    P-Value = 0,042
```

No caso de análise de variância, os comandos no Minitab são

Stat

ANOVA   One-way ⇒ análise de variância com um fator (ver exerc. 14, no fim do cap.)
Two-way ⇒ análise de variância com dois fatores (ver exerc. 15, no fim do cap.)

5.11 Exercícios

1. Uma amostra forneceu as seguintes estimativas por ponto:
   a) para a média da população: 81,22 unidades;
   b) para o coeficiente de variação da população: 18,5%

   Também foi anotada a soma dos quadrados dos desvios da média nessa amostra, a saber:

   $\Sigma(x - \bar{x})^2$ = 12 417,40, e o número de itens defeituosos nela contidos: 9

   Pede-se testar:

   a) se a proporção de itens defeituosos na população é diferente de 10%;
   b) se é possível afirmar que a média dessa população é inferior a 85,0 unidades;
   c) se é possível afirmar que a variância dessa população é superior a 190,0 unidades ao quadrado.

   Nota: Usar nos 3 testes pedidos o nível de 5% (α = 0,05).

2. Duas amostras de 15 trabalhadores cada, colhidas de 2 fábricas *A* e *B*, forneceram as estimativas: o tempo médio de realização de uma tarefa na fábrica *A* é 12 min, e na fábrica *B* é de 11 min, sendo as variâncias dos tempos respectivamente 4 min^2 e 9 min^2. Sabe-se que os tempos nas 2 fábricas têm igual variância. Ao nível de 10%, pode-se considerar os trabalhadores da fábrica *B* mais rápidos que os da *A*?

3. Numa linha de produção, suspeita-se que o número de peças de certo tipo que estão fora do especificado pelo controle de qualidade supera 20% da produção. Para verificar essa suspeita, tomou-se uma amostra de 100 dessas peças,

tiradas de um grande lote, e, além do número de peças fora da especificação, anotou-se o diâmetro das peças. Os resultados foram:

Peças boas = 73   CV = 10,20%

Σx = 2 647 cm X = diâmetro da peça

Ao nível de 10% de significância, verifique se a suspeita se confirma e verifique também se o desvio padrão do diâmetro das peças pode ser considerado de no máximo 2,5 cm.

4. Um fabricante trabalha com máquinas que produzem certo tipo de peça bastante elaborada. Ele pretende diminuir o tempo que cada máquina gasta na produção da peça alterando um dispositivo da máquina. Ele separa 08 dessas máquinas e anota o tempo gasto na produção da peça. Altera o dispositivo e anota novamente o tempo gasto.

Máquina número	1	2	3	4	5	6	7	8	
Sem alteração	10,5	8,7	9,2	10,0	9,5	8,9	11,2	12,0	(horas)
Com alteração	9,0	8,9	7,8	7,3	8,0	8,0	9,5	10,0	(horas)

   a) Ao nível de 1% de significância, qual a conclusão do fabricante com relação a alteração feita?
   b) Construa um intervalo com 98% de confiança para o desvio padrão da diferença entre os tempos sem e com alteração.

5. Uma amostra de 9 elementos forneceu as seguintes estimativas para uma certa característica da população:

   a) coeficiente de variação igual a 13,0%;
   b) média de no máximo 65,668 unidades, com 95% de certeza.

   Pergunta-se: É possível garantir com 97,5% de segurança que o desvio padrão da população da qual foi tirada essa amostra seja superior a 5,5 unidades?

6. Uma amostra de 26 elementos tirada de um grande lote apresentou média igual a 17,28 e coeficiente de variação de 20%. Seria razoável rejeitar a hipótese de a variância populacional ser de 8,5 unidades ao quadrado?

7. Uma linha de fabricação produz tábuas cuja espessura se distribui normalmente com média de 38,1 mm e desvio padrão de 2,5 mm. Para uma dada aplicação só são aceitas tábuas de espessura compreendida entre 35,0 e 40,0 mm (tábuas "boas"); as outras ("defeituosas") são vendidas para outras finalidades.

   Depois de uma reforma de linha de fabricação foi sorteada uma amostra de 61 tábuas do primeiro grande lote produzido tendo resultado, para a espessura dessas 61 tábuas, $\bar{x}$ = 37,15 mm e s = 3,20 mm (estimativa para o desvio padrão do lote todo); outrossim, havia nessa amostra 17 tábuas "defeituosas".

Ao nível α = 5% quais as modificações constatadas em relação à produção anterior à reforma?

8. Um fabricante de certo tipo especial de aço afirma que seu produto tem um severo serviço de controle da qualidade, que resulta numa maior homogeneidade, no que diz respeito à resistência à tração do aço. Sabendo-se que a concorrência admite para a resistência à tração um desvio padrão de 5 kg/cm^2 e que o fabricante tomou uma amostra de 11 cabos, submeteu-os a um teste de tração e obteve s^2 = 18, você recomendaria ou não o controle de qualidade do fabricante?

   (Adote α = 0,10.)

9. Pneus de duas marcas A e B foram testados quanto ao tempo de duração até o desgaste total. Sabe-se que a variabilidade do tempo de duração dos pneus das duas marcas é equivalente. Nove unidades testadas de cada marca forneceram os seguintes resultados:

Marca	Percurso médio até desgaste total	Desvio padrão
A	36 100 km	627 km
B	37 800 km	599 km

   Ao nível de 1% de significância, pode-se afirmar que a vida média dos pneus da marca A é inferior à da marca B?

10. Um grupo de 10 operários é submetido a um treinamento para otimizar o tempo gasto em determinado procedimento. A tabela abaixo apresenta os tempos, em segundos, gastos no procedimento antes e depois do treinamento.

Operário	Tempo antes	Tempo depois
1	120	116
2	104	102
3	93	90
4	87	83
5	85	86
6	98	97
7	102	98
8	106	108
9	88	82
10	90	85

    Com esses resultados é possível concluir que o treinamento atingiu seu objetivo?

11. Para se comparar três lotes (A, B, C) entre si quanto a uma dada medida x, foi tirada uma amostra de cada um deles, tendo sido obtidos os seguintes resultados:

Lote	Tamanho da amostra		
A	15	$\Sigma x = 465{,}88$	$\Sigma x^2 = 15\,294{,}449\,6$
B	20	$\Sigma (x - \bar{x})^2 = 1\,431{,}745\,0$	$\bar{x} = 37{,}48$
C	18	$\bar{x} = 68{,}65$	$s = 4{,}595$

Você acha que esses dados são suficientes para comprovar que os três lotes diferem entre si quanto ao seu grau de homogeneidade e quanto às suas médias, ou pelo menos quanto a uma dessas propriedades (grau de homogeneidade ou média)? Justifique suas conclusões usando métodos estatisticamente válidos ($\alpha = 0{,}05$).

12. Ao se estudarem 2 lotes (numerados 1 e 2), foi examinada uma amostra de cada um deles e ambas forneceram os dados abaixo:

Amostra do lote nº 1: $n = 17$ $\Sigma(x - \bar{x})^2 = 161{,}230\,5$ $\Sigma x^2 = 10\,786{,}45$

Amostra do lote nº 2: $n = 22$ $\bar{x} = 17{,}550\,0$ $\Sigma x^2 = 6\,898{,}025\,1$

Com 90% de segurança você afirmaria que os lotes 1 e 2 diferem quanto à homogeneidade em relação à medida estudada?

13. Quatro marcas de um mesmo tipo de microcomputador estão sendo comparadas. O tempo (X, em segundos) gasto na execução de certo programa é uma das variáveis pesquisadas. Tomando-se uma amostra de micros de cada uma das marcas, obtiveram-se os resultados:

Marca I: $n = 8$ $\Sigma x = 41{,}60$ $\Sigma x^2 = 225{,}07$
Marca II: $\bar{x} = 6{,}10$ $s^2 = 0{,}72$ $\Sigma x = 54{,}90$
Marca III: $\Sigma(x - \bar{x})^2 = 8{,}55$ $n = 10$ $\bar{x} = 6{,}50$
Marca IV: $n = 5$ $\Sigma x = 34{,}00$ $\Sigma x^2 = 234{,}44$

Verifique ao nível de 0,5% de significância se as quatro marcas gastam, em média, o mesmo tempo para executar o programa.

14. Os dados a seguir representam as colheitas de trigo em campos experimentais, nos quais foram usados 4 tratamentos sulfúricos diferentes para o controle da ferrugem. Os tratamentos consistem em pulverização antes da chuva, após a chuva, uma vez por semana e nenhuma pulverização. Verifique se há diferenças significativas na variabilidade das produções de cada campo experimental, devidas aos vários métodos de pulverização.

	Medidas quanto à pulverização			
	1	2	3	4
Produção	5,3	4,4	8,4	7,4
	3,7	5,1	6,0	4,3
	14,3	5,4	4,9	3,5
	6,5	12,1	9,5	3,8

Resolva este problema no Minitab.

15. Os dados que seguem representam o tempo, em segundos, gasto por 5 operários para realizar certa operação usando três máquinas diferentes. Ao nível de 5% de significância, verifique se existe diferença assinalável entre as máquinas e entre os operários em relação ao tempo médio de realização da operação.

	Máquinas A	Máquina B	Máquina C
Operário 1	32	49	30
Operário 2	41	45	29
Operário 3	35	45	37
Operário 4	30	40	35
Operário 5	31	42	42

Resolva o problema acima no Minitab.

16. Numa indústria A colheu-se uma amostra de 20 peças produzidas e, medindo-se a largura das mesmas, obtiveram como dados: média da amostra = 28,35 cm e desvio padrão mínimo de 1,75 cm, com 99% de confiança.

  a) Ao nível de 5% de significância, pode-se afirmar que o desvio padrão das larguras é menor que 3,5 cm?

  b) Uma outra indústria B, que faz o mesmo tipo de peça e com a mesma variabilidade quanto à largura da peça, colheu uma amostra de 12 peças de sua linha de produção e obteve uma largura média de 25,15 cm e um desvio padrão de 2,13 cm. Pode-se concluir que as peças da indústria B são mais estreitas que as da indústria A? (Use nível de significância de 1%.)

17. Uma metalúrgica produz chapas metálicas cujo comprimento segue distribuição normal com uma média de 50 cm e um desvio padrão de 1,5 cm. Se uma chapa tem comprimento inferior a 47 cm ou superior a 53,5 cm, ela é considerada fora do padrão e deve ser desprezada. Existe uma suspeita de que no último lote produzido a proporção de chapas fora do padrão aumentou. Para verificar essa suspeita foi colhida uma amostra de 200 chapas desse último lote e observou-se que 13 estavam fora do padrão. Com esses resultados, qual seria a conclusão, ao nível de 1% de significância?

5.12 Respostas

1. a) $z = 1,51$, não há evidências de que seja diferente de 10%.

   b) $t = -1,88$, é possível afirmar.

   c) $\chi^2 = 65,36$, não é possível afirmar.

2. $t = 1,074$, não se pode considerar.

3. $z = 1,75$, a suspeita se confirma;

   $\chi^2 = 115,474$, pode ser considerado $\leq 2,5$.

4. a) $t = 4,84$, a alteração diminuiu o tempo.

   b) [0,51; 1,96]

5. $\chi^2 = 16,505$, não é possível garantir.

6. $\chi^2 = 35,129$, não seria razoável.

7. $\chi^2 = 98,304$, o desvio padrão se alterou;

   $t = -2,319$, a média se alterou;

   $z = -0,87$, a proporção de tábuas boas não se alterou.

8. $\chi^2 = 7,2$, não recomendaria.

9. $t = -5,88$, sim, pode-se afirmar.

10. $t = 3,17$, sim atingiu.

11. $\chi^2 = 6,64$, diferem quanto à homogeneidade;

    $F = 134,12$m diferem quanto às médias.

12. $F = 1,735$, não diferem.

13. $F = 3,735\ 9$, sim gastam o mesmo tempo.

16. a) $\chi^2 = 9,008$, sim, pode-se afirmar.

    b) $t = 3,79$, sim, pode-se concluir.

17. $z = 2,58$, a suspeita se confirma.

6 INFERÊNCIA ESTATÍSTICA TESTES NÃO PARAMÉTRICOS

No capítulo anterior foram vistos testes em que as hipóteses testadas sempre se referiam a um ou mais parâmetros populacionais cujos valores eram desconhecidos. São os chamados testes paramétricos. Existem situações em que as hipóteses de interesse dizem respeito a outros aspectos da distribuição da variável (ou variáveis) em estudo e não diretamente aos valores dos parâmetros. São os testes não paramétricos. Existem vários tipos de testes não paramétricos para diferentes situações práticas. São muito usados nas áreas das ciências humanas como, por exemplo, as ciências do comportamento. Veremos neste capítulo somente dois desses testes, ambos baseados na distribuição qui-quadrado: o teste de aderência e o teste de independência.

6.1 Teste de aderência

O teste de aderência é usado quando a distribuição de probabilidade da variável X estudada é desconhecida. Para tentar conhecer a forma da distribuição, podemos fazer uma análise descritiva dos dados obtidos em uma amostra de valores da variável e por meio do histograma, por exemplo, podemos ter uma orientação sobre a forma da distribuição e dos modelos adequados a ela. As hipóteses testadas seriam, então, do tipo:

H_0: a variável X segue um dado modelo de distribuição de probabilidade;
H_1: a variável X não segue um dado modelo de distribuição de probabilidade.

Considere o seguinte exemplo: um dado é lançado 60 vezes e são obtidos os resultados abaixo:

Valor indicado no dado	1	2	3	4	5	6
Freqüência obtida	13	9	8	12	7	11

Suponha que queremos verificar se esse dado não é viciado, ou seja, se todas as suas faces têm a mesma probabilidade de ocorrer. É lógico que, se essa hipótese for verdadeira, cada face deveria ter aparecido 10 vezes nas 60 jogadas, o que não ocorreu. Mas, como já sabemos, as diferenças entre as freqüências obtidas e o valor 10 esperado podem ter ocorrido por mero acaso e não pelo fato de o dado ser viciado. Para verificar o que de fato deve estar ocorrendo, podemos testar as hipóteses:

H_0: todas as faces do dado têm a mesma probabilidade de ocorrer (ou seja, $p = 1/6$)
H_1: a probabilidade de ocorrência não é a mesma para todas as faces do dado

Para decidir se H_0 deve ou não ser rejeitada, podemos comparar os resultados obtidos na amostra (freqüências observadas, indicadas por O_i) com os resultados esperados (freqüências esperadas, indicadas por E_i) no caso de H_0 verdadeira. Ou seja,

$$E_i = n\, p_i,$$

onde n = número de observações feitas (tamanho da amostra);
p_i = probabilidade de ocorrer o valor x_i da variável X quando H_0 é verdadeira.

No nosso exemplo temos que

$$p_i = 1/6, \text{ para todo } x_i, i = 1, 2, 3, 4, 5, 6$$

e, portanto,

$$E_i = 10, \text{ para todo } x_i, i = 1, 2, 3, 4, 5, 6$$

É lógico que se as diferenças $(O_i - E_i)$ forem pequenas, temos indícios de que a hipótese H_0 deve ser verdadeira, pois o ocorrido na prática foi dentro do esperado quando H_0 vale.

Baseado nisso, Pearson mostrou que, se vale H_0 e se os valores esperados E_i são todos maiores ou iguais a cinco ($E_i \geq 5$, para todo i), então a estatística:

$$\chi^2 = \sum \frac{(O_i - E_i)^2}{E_i}$$

segue distribuição qui-quadrado com $(k - 1 - m)$ graus de liberdade, onde

k = número de valores considerados no cálculo da estatística χ^2;

m = número de parâmetros do modelo de H_0 que precisam ser estimados a partir da amostra.

Obviamente, quanto menores forem as diferenças $(O_i - E_i)$, menor será o valor da estatística χ^2. Portanto, se o valor χ^2 for grande H_0 deve ser rejeitada, ou seja, fixado o nível de significância α, calculamos a probabilidade P de ocorrer um valor maior ou igual a χ^2 e a conclusão do teste será:

se $P \leq \alpha$, rejeitamos H_0

e

se $P > \alpha$, não rejeitamos H_0.

No nosso exemplo temos:

Face do dado (x_i)	Freqüência observada O_i	Freqüência esperada $E_i = n\, p_i$	$(O_i - E_i)^2 / E_i$
1	13	10	0,9
2	9	10	0,1
3	8	10	0,4
4	12	10	0,4
5	7	10	0,9
6	11	10	0,1

Logo, $\chi^2 = 2{,}8 \Rightarrow$ graus de liberdade $= 6 - 1 - 0 = 5 \Rightarrow P = 0{,}73 = 73\%$

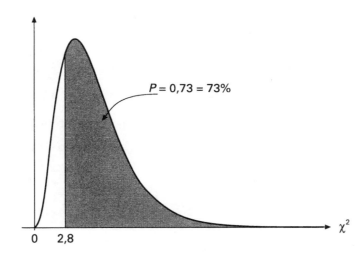

$P > \alpha \Rightarrow$ não rejeita-se H_0

Ou, usando o método do valor crítico, temos que se

$\alpha = 5\% \Rightarrow \chi_c^2 = 11{,}07 \Rightarrow \chi^2 < \chi_c^2 \Rightarrow$ não rejeita-se H_0.

Conclusão: Não temos evidências de que H_0 deva ser rejeitada e portanto o dado pode ser considerado confiável.

Observações:

1) Neste exemplo todos os valores de E_i foram superiores a 5. Quando isso não acontecer devemos agrupar valores consecutivos de X até a freqüência esperada do grupo ser maior ou igual a 5.

2) Neste exemplo também não foi preciso estimar nenhum parâmetro do modelo de H_0 e então usamos $m = 0$ no cálculo do número de graus de liberdade.

Observe os exemplos a seguir.

Exemplo 6.1

O número de pessoas que chegam por minuto a uma fila de um posto de atendimento bancário foi observado durante um determinado período do dia, obtendo-se os resultados abaixo:

Número de pessoas	0	1	2	3	4
Freqüência	35	37	14	3	1

Pode-se considerar que o número de pessoas que chegam ao posto de atendimento por minuto segue uma distribuição de Poisson? (Use $\alpha = 5\%$.)

A variável de interesse neste exemplo é

X = número de pessoas que chegam ao posto por minuto

e as hipóteses de interesse são:

H_0: a variável X segue a distribuição de Poisson
H_1: a variável X não segue a distribuição de Poisson

Como já sabemos, se uma variável aleatória X tiver distribuição de Poisson com a taxa de λ ocorrências por unidade de observação, então $P(X = k) = \dfrac{e^{-\lambda t}(\lambda t)^k}{k!}$, onde t = intervalo de observação e λt = taxa média de ocorrências no intervalo de observação.

Essa taxa média não foi dada e, portanto, deve ser estimada a partir dos dados da tabela acima.

$$\bar{x} = \frac{\sum x_i f_i}{n} = \frac{0 \cdot 35 + 1 \cdot 37 + 2 \cdot 14 + 3 \cdot 3 + 4 \cdot 1}{90} = 0,87$$

Se H_0 for verdadeira, as probabilidades serão dadas por:

$$P(X = 0) = \frac{e^{-0,87} 0,87^0}{0!} = 0,419\ 0$$

$$P(X = 1) = \frac{e^{-0,87} 0,87^1}{1!} = 0,364\ 5$$

$$P(X = 2) = \frac{e^{-0,87} 0,87^2}{2!} = 0,158\ 6$$

$$P(X = 3) = \frac{e^{-0,87} 0,87^3}{3!} = 0,046\ 0$$

$$P(X = 4) = 1 - P(X \leq 3) = 1 - 0,988\ 1 = 0,011\ 9$$

Note que a $P(X = 4)$ foi calculada por diferença para completar o total 1 (100%), pois na verdade a distribuição de Poisson não é limitada superiormente, ou seja, não pára no valor 4. Na amostra colhida o maior valor foi 4, mas não necessariamente ocorreria isso com uma outra amostra colhida dessa população.

Os valores esperados são sempre calculados por $E_i = n\, p_i$ e com isso obtemos a tabela a seguir.

Número de pessoas	O_i	E_i
0	35	$90 \cdot 0{,}419\,0 = 37{,}71$
1	37	$90 \cdot 0{,}364\,5 = 32{,}81$
2	14	$90 \cdot 0{,}158\,6 = 14{,}27$
3	3	$90 \cdot 0{,}046\,0 = 4{,}14$
≥4	1	$90 \cdot 0{,}011\,9 = 1{,}07$
Total	90	90

Note que os dois últimos valores de E_i são inferiores a 5. Para podermos usar o teste de Pearson, uma solução é agrupar os dois últimos valores, ou seja, teríamos para $X \geq 3$:

freqüência observada = 3 + 1 = 4
freqüência esperada = 4,14 + 1,07 = 5,21

A tabela final fica, então:

Número de pessoas	O_i	E_i
0	35	37,71
1	37	32,81
2	14	14,27
≥3	4	5,21
Total	90	90

e o valor da estatística do teste é:

$$\chi^2 = \sum \frac{(O_i - E_i)^2}{E_i} = 1{,}016$$

O número de graus de liberdade é $\phi = (k - 1 - m)$, onde

$k = 4$ (número de parcelas somadas no cálculo do χ^2 após o agrupamento das 2 últimas linhas da tabela inicial);
$m = 1$ (foi estimada a taxa média de ocorrências λt que era desconhecida).

Logo, o número de graus de liberdade é $\phi = 4 - 1 - 1 = 2$.

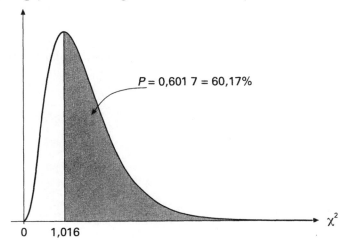

Como $P = 60{,}17\%$, temos que $P > \alpha$ e, portanto, não rejeitamos H_0.

Ou, pelo outro método, para $\alpha = 5\%$, $\chi_c^2 = 5{,}991$ e, portanto, $\chi^2 < \chi_c^2 \Rightarrow$ não rejeitamos H_0.

Conclusão: As evidências não são suficientes para que H_0 seja rejeitada, ou seja, podemos concluir que a variável segue distribuição de Poisson.

Exemplo 6.2

Com uma amostra de 50 unidades de um tipo de dispositivo eletrônico obtiveram-se os resultados abaixo, referentes ao tempo de duração do dispositivo até queimar.

Tempo (em horas)	Número de dispositivos
$0 \leq t < 2$	23
$2 \leq t < 4$	10
$4 \leq t < 6$	6
$6 \leq t < 8$	5
$8 \leq t < 10$	3
$t \geq 10$	3

Pode-se afirmar que o tempo de duração do dispositivo tem distribuição exponencial com média de 4 horas?

Nesse exemplo, a variável de interesse é X = tempo de duração do dispositivo (em horas) e as hipóteses de interesse são:

H_0: a variável X segue a distribuição exponencial com média igual a 4 horas;
H_1: a variável X não segue a distribuição exponencial com média igual a 4 horas.

Se a variável aleatória X tem distribuição exponencial com parâmetro λ, temos que

$P(X \leq x) = 1 - e^{-\lambda x}$, $x \geq 0$

onde λ é o inverso da média de X.

Então, se vale H_0, a média é 4 horas e $\lambda = \frac{1}{4} = 0{,}25$ e podemos calcular as probabilidades:

$P(0 \leq t < 2) = 1 - e^{-0{,}25 \cdot 2} = 0{,}393\ 5$

$P(2 \leq t < 4) = P(t \leq 4) - P(t < 2) = (1 - e^{-0{,}25 \cdot 4}) - (1 - e^{-0{,}25 \cdot 2}) = 0{,}238\ 6$

$P(4 \leq t < 6) = 0{,}144\ 7$

$P(6 \leq t < 8) = 0{,}087\ 8$

$P(8 \leq t < 10) = 0{,}053\ 2$

$P(t \geq 10) = 1 - P(t < 10) = 0{,}082\ 2$

Calculando os valores esperados $E_i = n\, p_i$ chegamos à tabela a seguir.

Tempo (em horas)	O_i	E_i
$0 \leq t < 2$	23	19,675
$2 \leq t < 4$	10	11,930
$4 \leq t < 6$	6	7,235
$6 \leq t < 8$	5	4,390
$8 \leq t < 10$	3	2,66
$t \geq 10$	3	4,11

Como as três últimas linhas da tabela têm E_i inferior a 5, elas devem ser agrupadas para no total termos $E_i > 5$.

Tempo (em horas)	O_i	E_i
$0 \leq t < 2$	23	19,675
$2 \leq t < 4$	10	11,930
$4 \leq t < 6$	6	7,235
$t \geq 6$	11	11,16

O valor da estatística do teste é:

$$\chi^2 = \sum \frac{(O_i - E_i)^2}{E_i} = 1,087$$

O número de graus de liberdade é $\phi = 4 - 1 - 0 = 3$

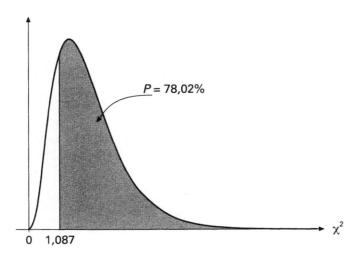

Como $P = 78,02\%$, temos que $P > \alpha$ e, portanto, não rejeitamos H_0.

Ou, pelo outro método, para $\alpha = 5\%$, $\chi_c^2 = 7,815$ e, portanto, $\chi^2 < \chi_c^2 \Rightarrow$ não rejeitamos H_0.

Conclusão: As evidências não são suficientes para que H_0 seja rejeitada, ou seja, podemos concluir que a variável segue distribuição exponencial com média igual a 4 horas.

6.2 Teste de independência

Muitas vezes temos interesse em verificar se duas variáveis são independentes, ou seja, se os resultados obtidos em uma variável não sofrem influência dos resultados obtidos na outra.

Considere o exemplo abaixo.

Exemplo 6.3:

Desejando-se comparar três empresas aéreas em relação à pontualidade no horário de chegada de seus vôos, selecionaram-se aleatoriamente 250 vôos dessas empresas e foram registrados os seguintes dados:

	\multicolumn{3}{c	}{Empresas}	
	A	B	C	Total
Sem atraso	82	69	37	188
Com atraso	18	21	23	62
Total	100	90	60	250

O objetivo é verificar se chegar ou não atrasado está relacionado com a empresa aérea ou se os atrasos ocorrem numa mesma freqüência independente da empresa aérea. As hipóteses de interesse são, então:

H_0: a ocorrência do atraso independe da empresa aérea;
H_1: a ocorrência do atraso depende da empresa aérea.

Supondo que H_0 seja verdadeira, qual deve ser o número esperado de vôos sem atraso na empresa A, que indicaremos por E_{11} (valor esperado da linha 1 e coluna 1)?

Lembrando que quando dois eventos A e B são independentes vale a relação

$$P(A \cap B) = P(A) \cdot P(B)$$

temos que:

$E_{11} = n \cdot P(\text{sem atraso e empresa A}) = n \cdot P(\text{sem atraso}) \cdot P(\text{empresa A}) =$

$$= 250 \cdot \frac{188}{250} \cdot \frac{100}{250} = \frac{188 \cdot 100}{250} = 75,2$$

De modo análogo obtemos:

$E_{12} = n \cdot P(\text{sem atraso}) \cdot P(\text{empresa B}) =$

$$= 250 \cdot \frac{188}{250} \cdot \frac{90}{250} = \frac{188 \cdot 90}{250} = 67,68$$

E assim, sucessivamente, calculamos os demais valores esperados, usando sempre a relação:

$$E_{ij} = \frac{(\text{total da linha } i) \cdot (\text{total da coluna } j)}{n}$$

Obtemos, então, os resultados abaixo:

Valor observado O_{ij}	Valor esperado E_{ij}
82	75,20
69	67,68
37	45,12
18	24,80
21	22,32
23	14,88
Total 250	250

A estatística do teste é a mesma do teste anterior, ou seja, calculamos:

$$\chi^2 = \sum_i \sum_j \frac{(O_{ij} - E_{ij})^2}{E_{ij}}$$

que neste caso é um qui-quadrado com $\phi = (r-1)(s-1)$ graus de liberdade, onde

r = número de linhas da tabela com os dados originais.
s = número de colunas da tabela com os dados originais.

As conclusões são análogas às do teste anterior.

No nosso exemplo, calculando o χ^2 temos:

$$\chi^2 = \frac{(82-75,20)^2}{75,20} + \frac{(69-67,68)^2}{67,68} + \ldots + \frac{(23-14,88)^2}{14,88} = 8,48$$

$\phi = (2-1)(3-1) = 2$ graus de liberdade

Fixando $\alpha = 5\%$, e com $P = 1,44\%$, temos que $P < \alpha$ e, portanto, rejeitamos H_0.

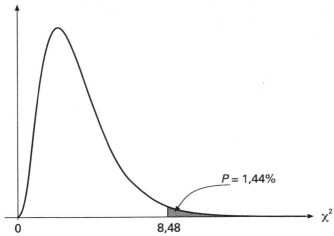

Pelo método do valor crítico teríamos que para $\alpha = 5\%$ e $\phi = 2$ graus de liberdade, o valor crítico seria $\chi_c^2 = 5,991$, ou seja, $\chi^2 > \chi_c^2$ e, portanto, H_0 deve ser rejeitada.

Conclusão: As evidências indicam que H_0 deve ser rejeitada, ou seja, a ocorrência de atrasos depende da empresa área considerada.

6.3 Usando o programa Minitab

O teste de aderência pode ser feito no Minitab, mas não existe um comando específico para esse teste. Os cálculos têm de ser feitos separadamente pelo usuário (consulte o manual do Minitab). Já o teste de independência pode ser feito como segue:

Digitar a tabela cruzada de freqüências.

Clicar

Stat

Tables

Chi-square test

No exemplo, digitando as 3 colunas da tabela de dados nas colunas c1, c2 e c3 do Minitab e clicando os comandos acima obtemos:

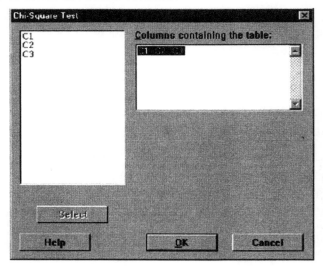

e obtemos a saída abaixo:

```
              C1        C2        C3     Total
     1        82        69        37       188
            75,20     67,68     45,12
     2        18        21        23        62
            24,80     22,32     14,88
Total        100        90        60       250

Chi-Sq =0,615 +   0,026 +   1,461 +
         1,865 +   0,078 +   4,431 =    8,476

DF = 2,    P-Value = 0,014
```

que coincidem com os resultados obtidos no nosso exemplo:

$$\chi^2 = 8{,}476 \text{ e } P = 1{,}4\%.$$

6.4 Exercícios

1. Os dados da tabela abaixo referem-se ao número de buracos por quilômetro numa certa estrada com 100 km de extensão.

Número de buracos (por km)	0	1	2	3	4	5
Número de quilômetros	12	18	25	20	14	11

Ao nível de 5% de significância, pode-se admitir que essa variável segue uma distribuição de Poisson?

2. Estudando o comprimento de 100 peças obtivemos a tabela abaixo. Teste, ao nível de 5% de significância, se o comprimento das peças tem distribuição normal, com média 3,3 e desvio padrão 0,24.

Comprimento x_i em cm	Freqüência observada f_i
2,8 ⊢ 3,0	07
3,0 ⊢ 3,2	18
3,2 ⊢ 3,4	40
3,4 ⊢ 3,6	20
3,6 ⊢ 3,8	10
3,8 ⊢ 4,0	05

3. Considere que 400 peças foram tiradas de um grande lote e foram submetidas a 3 tipos de tratamento diferentes: 200 peças ao tratamento A, 120 ao tratamento B, e as restantes ao tratamento C. Após o tratamento, verificou-se que estavam trincadas 40 das peças submetidas ao tratamento A, 6 das submetidas ao tratamento B e 8 das submetidas ao C. Ao nível de significância de 1%, pode-se afirmar que a quantidade de peças trincadas está relacionada ao tipo de tratamento?

4. Uma pesquisa sobre o salário inicial de 90 engenheiros empregados na indústria, de acordo com a nota média de aproveitamento obtida na faculdade, forneceu as seguintes informações:

Salário	Nota de aproveitamento		
	Baixa	Média	Alta
Baixo	15	18	7
Alto	5	22	23

Teste, ao nível de 5% de significância, se o salário inicial dos engenheiros depende da nota de aproveitamento obtida na faculdade.

5. O número de dias por semana em que ocorrem acidentes de trabalho com os empregados de uma empresa de engenharia foi anotado durante um período de 200 semanas. A partir desses dados, verifique, a um nível de significância de 5%, se o número de dias por semana em que ocorrem acidentes segue uma distribuição binomial com $p = 0,20$.

Número de dias com acidentes por semana	0	1	2	3	4	5
Frequência	64	56	40	24	8	8

6. Durante 100 dias foram colhidas amostras diárias de água de um reservatório e verificou-se que o número de partículas tóxicas em suspensão por cm^3 de água obedece à tabela abaixo:

Número de partículas por cm^3 (x_i)	0	1	2	3	4
Número de dias com x_i partículas/cm^3	8	34	28	20	10

Verifique se o modelo de Poisson se ajusta aos dados, usando um nível de significância de 1%.

7. O diretor de uma faculdade de Engenharia que oferece três opções de especialização (civil, elétrica e mecânica) resolveu investigar se seus alunos estão satisfeitos com o currículo proposto, independente da especialização escolhida. Para isto, foram entrevistados 150 alunos e os resultados estão na tabela abaixo:

Especialização	Satisfeito	Não satisfeito
Civil	36	24
Elétrica	25	15
Mecânica	27	23

Faça o teste adequado para verificar se existe relação entre o grau de satisfação com o currículo e a especialização escolhida.

8. Uma pesquisa foi feita com o objetivo de verificar se existe influência da idade na preferência entre 2 modelos de automóvel de uma determinada empresa. Usou-se uma amostra de 600 compradores em potencial desses modelos e obtiveram-se os resultados abaixo:

Faixa etária(anos)	Preferem modelo A	Preferem modelo B	Indecisos
18 ⊢ 25	65	115	17
25 ⊢ 40	109	75	16
40 ou mais	120	65	18

Faça o teste adequado ao objetivo da pesquisa, ao nível de significância de 1%.

9. Estudando-se o tempo de duração de 200 lâmpadas obtivemos a tabela:

Tempo de duração (em horas)	Número de lâmpadas
0 ⊢ 1 000	98
1 000 ⊢ 2 000	45
2 000 ⊢ 3 000	25
3 000 ⊢ 4 000	13
4 000 ⊢ 5 000	8
5 000 ⊢ 6 000	6
6 000 ⊢ 7 000	5

Teste a hipótese de que a vida dessas lâmpadas segue modelo exponencial.

10. Três moedas são lançadas 100 vezes e é anotado o número de caras obtido em cada lançamento. Os resultados estão na tabela abaixo:

Número de caras	Número de lançamentos
0	7
1	42
2	35
3	16

Verifique se esses resultados confirmam a hipótese de que as três moedas são não-viciadas.

6.5 Respostas

1. $\chi^2 = 2,03$, sim pode-se admitir.
2. $\chi^2 = 4,55$, tem distribuição normal.
3. $\chi^2 = 15,50$, pode-se afirmar.
4. $\chi^2 = 12,97$, sim depende.
5. $\chi^2 = 77,97$, não segue a binomial.
6. $\chi^2 = 5,369\ 7$, modelo Poisson se ajusta aos dados.
7. $\chi^2 = 0,712\ 2$, não existe relação.
8. $\chi^2 = 33,971$, existe influência da idade.
9. $\chi^2 = 1,476\ 7$, segue o modelo exponencial.
10. $\chi^2 = 4,11$, confirmam a hipótese.

7 CORRELAÇÃO E REGRESSÃO LINEAR

7.1 Introdução

Vamos considerar neste capítulo situações em que se dispõe de duas ou mais variáveis de interesse e se deseja estudar a relação entre essas variáveis. Na prática são muito comuns as situações em que uma variável se relaciona com várias outras, e se deseja determinar um modelo para descrever a relação entre essas variáveis. Assim, por exemplo, a dureza de um material pode depender da temperatura, da pressão e do tempo de processamento; o custo de um produto é função, entre outras variáveis, do tempo gasto em sua fabricação e do número de operários envolvidos.

Restringir-nos-emos inicialmente ao caso em que ocorrem apenas duas variáveis; uma variável independente X e uma variável dependente Y. A correlação entre as variáveis verifica a existência de algum tipo de relacionamento entre elas e, pela regressão linear simples, determina-se um modelo linear para descrever o tipo de relação presente entre essas variáveis.

7.2 Correlação

Consideremos inicialmente o exemplo abaixo.

Exemplo 7.1

As vendas de determinado produto, em milhares de unidades, foram anotadas para diferentes valores de gastos com propaganda, em unidades monetárias. Foram obtidos os seguintes resultados:

x (gastos)	1	2	3	4	5	6	7	8
y (vendas)	2,2	3,0	2,8	3,4	3,7	3,5	3,6	3,8

A correlação mede se há uma relação entre as vendas do produto e os valores gastos com propaganda, isto é, se as vendas do produto dependem dos gastos com propaganda. A existência da correlação pode ser verificada por meio de um gráfico desses pontos, chamado diagrama de dispersão, e se a correlação for linear sua medida é feita pelo coeficiente de correlação linear de Pearson, que será definido em seguida.

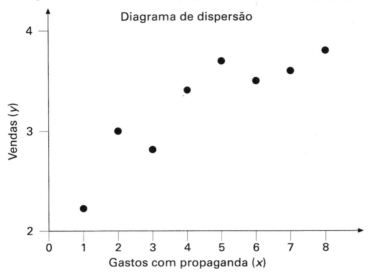

O gráfico acima dos valores amostrados das variáveis X e Y indica que existe uma relação aproximadamente linear entre essas variáveis, isto é, as vendas do produto crescem de forma aproximadamente linear com os gastos com propaganda no intervalo considerado.

O coeficiente de correlação linear de Pearson é estimado[*], a partir de uma amostra de n valores das variáveis X e Y, por:

$$r = \frac{S_{xy}}{\sqrt{S_{xx} S_{yy}}}$$

onde:

$$S_{xy} = \sum_{i=1}^{n}(x_i - \overline{x})(y_i - \overline{y}) = \sum_{i=1}^{n} x_i y_i - \frac{\left(\sum_{i=1}^{n} x_i\right)\left(\sum_{i=1}^{n} y_i\right)}{n}$$

$$S_{xx} = \sum_{i=1}^{n}(x_i - \overline{x})^2 = \sum_{i=1}^{n} x_i^2 - \frac{\left(\sum_{i=1}^{n} x_i\right)^2}{n}$$

---

[*] O coeficiente de correlação linear de Pearson é definido na população como o quociente entre a covariância das variáveis X e Y e o produto de seus respectivos desvios padrões, isto é:

$$\rho = \frac{E(X - \mu_X)(Y - \mu_Y)}{\sigma_X \sigma_Y} = \frac{E(XY) - E(X)E(Y)}{\sigma_X \sigma_Y}$$

$$S_{yy} = \sum_{i=1}^{n}(y_i - \overline{y})^2 = \sum_{i=1}^{n} y_i^2 - \frac{\left(\sum_{i=1}^{n} y_i\right)^2}{n}$$

Multiplicando-se os numeradores e denominadores dessas expressões por n e omitindo-se os índices dos somatórios, o coeficiente de correlação linear de Pearson pode ser estimado por:

$$r = \frac{n\sum xy - \left(\sum x\right)\left(\sum y\right)}{\sqrt{n\left(\sum x^2\right) - \left(\sum x\right)^2} \sqrt{n\left(\sum y^2\right) - \left(\sum y\right)^2}}$$

No exemplo 7.1, temos:

	Gastos com propaganda	Vendas			
	x	y	xy	x^2	y^2
	1	2,2	2,2	1	4,84
	2	3,0	6,0	4	9,00
	3	2,8	8,4	9	7,84
	4	3,4	13,6	16	11,56
	5	3,7	18,5	25	13,69
	6	3,5	21,0	36	12,25
	7	3,6	25,2	49	12,96
	8	3,8	30,4	64	14,44
Totais	36	26,0	125,3	204	86,58

$n = 8$

$S_{xy} = 125,3 - \frac{(36)(26,0)}{8} = 8,3$

$S_{xx} = 204 - \frac{(36)^2}{8} = 42,0$

$S_{yy} = 86,58 - \frac{(26,0)^2}{8} = 2,08$

Logo a estimativa do coeficiente de correlação de Pearson é igual a:

$r = \frac{8,3}{\sqrt{(42)(2,08)}} = 0,888$

O coeficiente de correlação linear entre duas variáveis X e Y mede o grau de relacionamento linear entre essas variáveis.

Pode-se verificar que $r^2 \leq 1$ e portanto $-1 \leq r \leq 1$. Valores de r próximos de 0 indicam que não há correlação linear entre as variáveis X e Y e valores de r próximos de 1 ou -1 indicam, respectivamente, uma forte correlação positiva ou negativa entre as variáveis X e Y, conforme o indicado nos diagramas de dispersão a seguir.

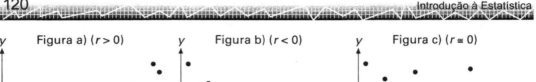

Na Figura a) verificamos que quando os valores de x crescem os valores correspondentes de y também crescem, indicando haver uma correlação linear positiva entre essas variáveis ($r > 0$); já na Figura b) os valores de y decrescem conforme os valores de x crescem, indicando uma forte correlação linear negativa entre as variáveis ($r < 0$); na Figura c) o diagrama não apresenta um padrão definido, indicando que não existe correlação linear entre as variáveis X e Y ($r \cong 0$).

O coeficiente de correlação linear de Pearson pode ser obtido nos módulos estatísticos das calculadoras eletrônicas ou calculado no programa Minitab, selecionando-se no menu principal *Stat* e, no submenu *Basic Statistics* e *Correlation*, e informando-se em *variables* as colunas que contêm os valores das variáveis X e Y das quais se deseja calcular a correlação. Para esse exemplo 7.1 obtém-se pelo programa Minitab:

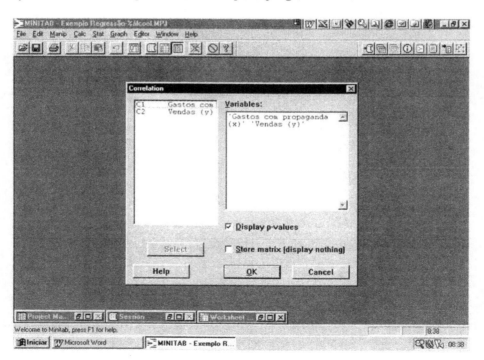

***Correlations*: Gastos com propaganda (*x*); Vendas (*y*)**

```
Pearson correlation of Gastos com propaganda (x) and Vendas (y) = 0,888
                          P-Value = 0,003
```

A probabilidade *P-Value* fornecida será utilizada para o teste de hipóteses sobre o verdadeiro valor ρ do coeficiente de correlação linear entre as variáveis X e Y na população. Como esse coeficiente está sendo estimado a partir de uma amostra de n pares de valores dessas variáveis, poderemos, para n pequeno, obter estimativas com grande variabilidade. Devemos, portanto, com base na estimativa r, testar a hipótese de que o verdadeiro valor do coeficiente de correlação linear populacional não seja nulo. Testaremos, então, as hipóteses:

H_0: $\rho = 0$ (não existe correlação linear entre X e Y);
H_1: $\rho \neq 0$ (existe correlação linear entre X e Y).

O teste dessas hipóteses pode ser feito por meio da seguinte estatística:

$$t_{n-2} = \frac{r}{\sqrt{\frac{1-r^2}{n-2}}}$$

a qual, se a hipótese H_0 for verdadeira, terá uma distribuição t-Student, com $n - 2$ graus de liberdade.

Logo, fixado um certo nível de significância α, rejeitaremos H_0 e concluiremos que existe uma correlação linear significativa entre as variáveis X e Y se: $|t_{n-2}| > t_c$, onde t_c é o valor crítico da distribuição t-Student, com $n - 2$ graus de liberdade.

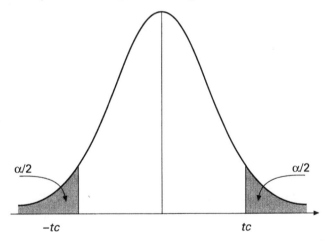

Utilizando a probabilidade *P-Value* fornecida no programa Minitab, que é a probabilidade de se obter um valor mais extremo do que a estatística do teste quando a hipótese H_0 é verdadeira, podemos, de maneira equivalente, rejeitar H_0 a um nível de significância α, se:

$$P\text{-}Value < \alpha$$

No exemplo 7.1, temos:

$$t_6 = \frac{0{,}888}{\sqrt{\frac{1-(0{,}888)^2}{6}}} = 4{,}730$$

Considerando um nível de significância $\alpha = 0{,}05$ e $n - 2 = 6$ graus de liberdade, obtemos na distribuição t-Student $t_c = 2{,}447$. Como $t_6 > t_c$, rejeitamos H_0 e concluímos que existe uma correlação linear significativa entre as variáveis X e Y. Podemos ainda rejeitar H_0 com base em $P\text{-}Value = 0{,}003 < \alpha$.

Podemos também fazer um teste unilateral, considerando $H_1: \rho > 0$.

Se para duas variáveis X e Y tivermos um coeficiente de correlação linear não nulo, isto é, se houver uma correlação linear entre essas variáveis, poderemos determinar a forma dessa relação pela reta de regressão linear estimada, que obteremos em seguida.

7.3 Regressão

A análise de regressão é uma técnica estatística que consiste em se determinar um modelo para descrever a relação entre uma variável dependente Y e uma ou mais variáveis independentes X e que tem muitas aplicações na Engenharia e nas ciências em geral. A partir do exemplo 7.1, estimaremos um modelo linear para que se obtenham,, no intervalo em que se verificar essa relação linear, as vendas em função do gasto com propaganda.

O caso que iremos discutir inicialmente é o da regressão linear simples, em que a variável dependente é função de uma única variável independente; posteriormente discutiremos, na regressão linear múltipla, o caso em que temos duas ou mais variáveis independentes influenciando a variável dependente.

7.4 Regressão linear simples

Na regressão linear simples a função que desejamos obter é uma reta de regressão da forma:

$$Y = \alpha + \beta X$$

Porém, como existe uma componente aleatória na variabilidade de Y, em razão da existência de outros fatores aleatórios influenciando a variável Y, vamos adotar o seguinte modelo:

$$Y = \alpha + \beta X + e$$

onde e representa a componente aleatória e será chamada variação residual.

Vamos adotar as seguintes suposições:

1.ª) A variável X é não aleatória, isto é, os seus valores são fixados ou determinados com erro desprezível.
2.ª) Para cada valor da variável X a variação residual e tem distribuição normal, com média zero e variância constante, e indicaremos:

$$e \sim N(0; \sigma_R^2)$$

Além disso, vamos supor que os resíduos são não correlacionados, isto é, para cada valor de X os valores dos resíduos são independentes entre si.

Com essas suposições, a reta de regressão nos fornece os valores médios de Y em função dos valores de X, isto é:

$$E(Y|X) = \alpha + \beta X$$

Obteremos em seguida, a partir de uma amostra de pontos experimentais, a reta de regressão estimada.

7.4.1 Estimação do modelo

A reta de regressão será estimada a partir de uma amostra de n valores da variável X e os correspondentes valores da variável Y, isto é, a partir de n pares de valores experimentais do tipo $(x_1, y_1), (x_2, y_2) \ldots (x_n, y_n)$, e indicada por:

$$\hat{y} = a + bx,$$

onde as constantes a e b são as estimativas dos parâmetros α e β e serão obtidas, pelo método dos mínimos quadrados, minimizando-se a soma dos quadrados dos resíduos, isto é, minimizando-se a expressão:

$$S(a,b) = \sum_{i=1}^{n} \left(y_i - \hat{y}_i\right)^2 = \sum_{i=1}^{n} \left(y_i - a - bx_i\right)^2$$

onde y_i são os valores observados e $\hat{y}_i$ são os valores estimados pela reta de regressão.

Para que essa soma seja mínima deveremos ter:

$$\frac{\partial S(a,b)}{\partial a} = 0 \quad \text{e} \quad \frac{\partial S(a,b)}{\partial b} = 0$$

logo,

$$\begin{cases} -2\sum_{i=1}^{n}(y_i - a - bx_i) = 0 \\ -2\sum_{i=1}^{n}(y_i - a - bx_i)x_i = 0 \end{cases}$$

obtendo-se o sistema de equações normais:

$$\begin{cases} \sum_{i=1}^{n} y_i = na + b\sum_{i=1}^{n} x_i \\ \sum_{i=1}^{n} x_i y_i = a\sum_{i=1}^{n} x_i + b\sum_{i=1}^{n} x_i^2 \end{cases}$$

cuja solução fornece:

$$a = \bar{y} - b\bar{x}$$

e

$$b = \frac{\sum_{i=1}^{n} x_i y_i - \dfrac{\left(\sum_{i=1}^{n} x_i\right)\left(\sum_{i=1}^{n} y_i\right)}{n}}{\sum_{i=1}^{n} x_i^2 - \dfrac{\left(\sum_{i=1}^{n} x_i\right)^2}{n}} = \frac{S_{xy}}{S_{xx}}$$

onde

$$\overline{x} = \frac{\sum_{i=1}^{n} x_i}{n} \quad \text{e} \quad \overline{y} = \frac{\sum_{i=1}^{n} y_i}{n}$$

são as médias amostrais das variáveis X e Y. No exemplo 7.1, temos:

$$\overline{y} = \frac{26,0}{8} = 3,25 \quad \text{e} \quad \overline{x} = \frac{36,0}{8} = 4,5$$

Logo, utilizando-se os valores de $S_{xy} = 8,3$ e $S_{xx} = 42,0$ já calculados, obtemos:

$$b = \frac{S_{xy}}{S_{xx}} = \frac{8,3}{42,0} \cong 0,197\ 6$$

$$a = \overline{y} - b\overline{x} = 3,25 - (0,197\ 6)4,5 = 2,360\ 8$$

e a reta de regressão estimada será:

$$\hat{y} = a + bx = 2,360\ 8 + 0,197\ 6x$$

A reta de regressão estimada pode ser obtida nos módulos estatísticos das calculadoras eletrônicas e no programa Minitab, selecionando-se no menu: *Stat*, em seguida *Regression* e novamente *Regression*; indica-se em *Response* a coluna que contém os valores da variável Y e em *Predictors* a coluna que contém os valores da variável X. Obtém-se, então, a equação de regressão estimada, conforme apresentado em seguida:

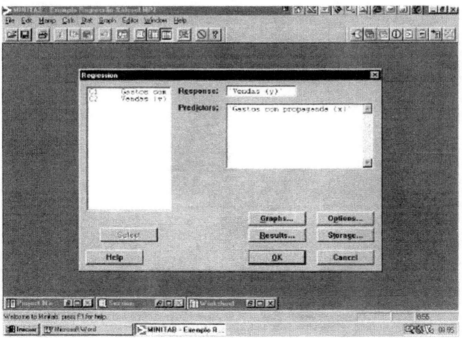

***Regression Analysis*: Vendas (y) *versus* Gastos com propaganda (x)**

```
The regression equation is
Vendas (y) = 2,36 + 0,198 Gastos com propaganda (x)
```

7.4.2 Decomposição das somas de quadrados e coeficiente de determinação

Conforme vimos na seção anterior, a reta de regressão estimada é obtida a partir de uma amostra de n pares de valores das variáveis X e Y, minimizando-se a soma dos quadrados dos resíduos. Então a reta de regressão estimada é a reta que melhor se ajusta aos pontos amostrais, isto é, é a reta *mais próxima desses pontos*, no sentido que a soma dos quadrados das *distâncias verticais*, indicadas na figura a seguir, entre os valores observados de y e os correspondentes valores estimados $\hat{y}$ é mínima.

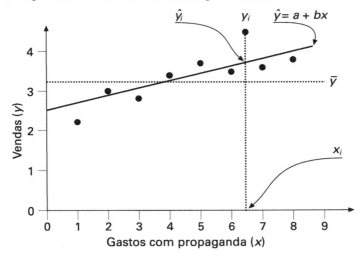

Vamos, então, decompor o desvio total de y: $y_i - \bar{y}$ nas seguintes parcelas:

a) desvio explicado pela regressão: $\hat{y}_i - \bar{y}$;
b) desvio residual: $y_i - \hat{y}_i$.

Então, temos:

$$y_i - \bar{y} = (\hat{y}_i - \bar{y}) + (y_i - \hat{y}_i)$$

e, elevando-se ambos os membros ao quadrado e somando-se para as n observações, na suposição de que os resíduos têm média zero, pode-se verificar que o duplo produto se anula e obtemos:

$$\sum_{i=1}^{n}(y_i - \bar{y})^2 = \sum_{i=1}^{n}(\hat{y}_i - \bar{y})^2 + \sum_{i=1}^{n}(y_i - \hat{y}_i)^2$$

onde a soma do primeiro membro mede a variação total das observações y_i em relação à sua média e é chamada soma de quadrados total, enquanto que as duas parcelas do segundo membro medem, respectivamente, a quantidade de variação de y prevista ou explicada pela regressão e a variação residual de y, não explicada pela regressão, e as indicaremos por:

$$SQT = \sum_{i=1}^{n}(y_i - \bar{y})^2, \qquad SQE = \sum_{i=1}^{n}(\hat{y}_i - \bar{y})^2 \quad \text{e} \quad SQR = \sum_{i=1}^{n}(y_i - \hat{y}_i)^2$$

Obtem-se então, a igualdade:

$$SQT = SQE + SQR$$

Vamos, em seguida, obter as expressões que nos fornecerão essas somas de quadrados a partir dos dados amostrais.

$$SQT = \sum_{i=1}^{n}(y_i - \overline{y})^2 = \sum_{i=1}^{n} y_i^2 - \frac{\left(\sum_{i=1}^{n} y_i\right)^2}{n} = S_{yy}$$

$$SQE = \sum_{i=1}^{n}(\hat{y} - \overline{y})^2 = \sum_{i=1}^{n}\left[(a + bx_i) - (a + b\overline{x})\right]^2 = b^2 \sum_{i=1}^{n}(x_i - \overline{x})^2 = b^2 S_{xx}$$

e, como $b = \dfrac{S_{xy}}{S_{xx}}$, temos ainda:

$$SQE = bS_{xy}$$

finalmente, a soma de quadrados residual é calculada por diferença, isto é:

$$SQR = S_{yy} - bS_{xy}$$

Definimos, então, o coeficiente de determinação (ou de explicação) por:

$$r^2 = \frac{SQE}{SQT} = \frac{bS_{xy}}{S_{yy}}$$

o qual mede a proporção entre a variabilidade de y explicada pela regressão e a sua variabilidade total, o que nos fornece, portanto, a proporção da variabilidade total de y prevista pela regressão.

Como o coeficiente de correlação de Pearson estimado é dado por $r = \dfrac{S_{xy}}{\sqrt{S_{xx} S_{yy}}}$, podemos, facilmente, verificar que o coeficiente de determinação é igual ao quadrado desse coeficiente de correlação.

7.4.3 Testes de hipóteses sobre os parâmetros do modelo

Embora a reta de regressão estimada seja a reta que melhor se ajusta aos pontos amostrais, devemos levar em consideração que essa melhor reta foi *estimada* a partir de uma amostra de pontos experimentais e pode não representar bem a relação entre as variáveis na população, especialmente quando a amostra contém poucos pontos. Faz-se necessário, portanto, testar hipóteses sobre os verdadeiros valores dos parâmetros α e β do modelo, a partir de suas estimativas a e b.

Considerando-se o modelo de regressão linear simples $Y = \alpha + \beta X + e$, com as suposições de que X é uma variável não aleatória e os resíduos são independentes e têm distribuição normal, com média zero e variância constante, podemos testar duas hipóteses sobre os verdadeiros valores dos parâmetros do modelo.

Primeira hipótese: $\begin{cases} H_0: \beta = \beta_0 \\ H_1: \beta \neq \beta_0 \end{cases}$

No caso particular em que $\beta_0 = 0$, a hipótese nula H_0: $\beta = 0$ testa a significância do modelo. Se essa hipótese for aceita concluiremos que o coeficiente angular da reta é nulo. Nesse caso Y não depende de X e dizemos que o modelo é não significativo, não havendo sentido, portanto, em se utilizar a reta de regressão estimada para representar a relação entre as variáveis X e Y.

Pode-se verificar que o estimador b tem distribuição normal, com:

$$E(b) = \beta \quad \text{e} \quad \text{var}(b) = \frac{\sigma_R^2}{S_{xx}}, \quad \text{onde } \sigma_R^2 \text{ é a variância residual, estimada por:}$$

$$s_R^2 = \frac{\sum (y_i - \hat{y})^2}{n-2} = \frac{S_{yy} - bS_{xy}}{n-2}$$

Podemos, então, testar a hipótese nula H_0: $\beta = \beta_0$ por meio da estatística:

$$t = \frac{b - \beta_0}{\sqrt{\dfrac{s_R^2}{S_{xx}}}}$$

a qual, se a hipótese H_0 for verdadeira, tem distribuição t-Student, com $(n - 2)$ graus de liberdade.

Segunda hipótese: $\begin{cases} H_0: \alpha = \alpha_0 \\ H_1: \alpha \neq \alpha_0 \end{cases}$

Analogamente, pode ser verificado que o estimador a tem distribuição normal, com:

$$E(a) = \alpha \quad \text{e} \quad \text{var}(a) = \frac{\sigma_R^2 \sum x^2}{n S_{xx}}$$

e a hipótese nula H_0: $\alpha = \alpha_0$ será testada por meio da estatística:

$$t = \frac{a - \alpha_0}{\sqrt{\dfrac{s_R^2 \sum x^2}{n S_{xx}}}}$$

a qual, se a hipótese H_0 for verdadeira, também terá distribuição t-Student, com $(n - 2)$ graus de liberdade. Observemos, ainda, que no caso particular em que $\alpha_0 = 0$ estaremos testando se a reta de regressão passa pela origem do sistema de coordenadas cartesianas.

Ressaltemos que, se for de nosso interesse, poderemos aplicar para os parâmetros testes unilaterais, considerando, por exemplo, respectivamente, H_1: $\beta > \beta_0$ e H_1: $\alpha > \alpha_0$.

No exemplo 7.1 da determinação das vendas em função dos gastos com propaganda, no teste da significância do modelo ajustado, ao nível de 1%, temos:

$$\begin{cases} H_0: \beta = 0 \\ H_1: \beta \neq 0 \end{cases}$$

$$s_R^2 = \frac{2,08 - 0,197\ 6(8,3)}{6} = 0,073\ 32$$

$$t = \frac{0,197\ 6}{\sqrt{\dfrac{0,073\ 32}{42}}} = 4,73$$

com 6 graus de liberdade o valor crítico da distribuição t-Student é $t_c = 3,71$, logo, como $t > t_c$ rejeitamos H_0 e concluímos que o modelo é significativo.

O coeficiente de explicação é igual a:

$$r^2 = \frac{0,197\ 6(8,3)}{2,08} = 0,788\ 5$$

isto é, o modelo de regressão linear explica 78,85% da variação de Y. Observe que o coeficiente de explicação é o quadrado do coeficiente de correlação linear de Pearson, $r = 0,888$, já estimado a partir desses dados.

7.4.4 Análise de variância

O teste da significância do modelo pode ser feito pela técnica de análise de variância, comparando-se a variabilidade de Y explicada pela regressão com a sua variabilidade residual não prevista pela regressão. Utilizando-se a decomposição da soma de quadrados total já vista, o teste da hipótese:

$$\begin{cases} H_0: \beta = 0 \\ H_1: \beta \neq 0 \end{cases}$$

pode ser feito por meio da estatística:

$$F = \frac{bS_{xy}}{s_R^2}$$

rejeitando-se H_0, a um nível de significância α, e concluindo-se que o modelo é significativo se:

$F > F_{c;\ 1;\ n-2}$, onde $F_{c;\ 1;\ n-2}$ é o valor crítico da distribuição F de Snedecor, com 1 grau de liberdade no numerador e $(n-2)$ no denominador.

Esses resultados podem ser resumidos no seguinte quadro de análise de variância:

Fonte de variação	Graus de liberdade	Somas de quadrados	Quadrados médios	Estatística F
Regressão	1	$SQE = bS_{xy}$	bS_{xy}	$F = \dfrac{bS_{xy}}{s_R^2}$
Resíduo	$n-2$	$SQR = S_{yy} - bS_{xy}$	$s_R^2 = \dfrac{S_{yy} - bS_{xy}}{n-2}$	
Total	$n-1$	$SQT = S_{yy}$		

Para os dados do exemplo 7.1 no programa Minitab, digitando-se os valores da variável X em uma coluna e os da variável Y em outra coluna e acessando no menu *Stat* e, em seguida, *Regression*, obtemos o seguinte quadro de análise de variância (ANOVA):

```
Analysis of Variance
Source            DF        SS         MS         F         P
Regression        1         1,6402     1,6402     22,38     0,003
Residual Error    6         0,4398     0,0733
Total             7         2,0800
```

onde P é a probabilidade de a distribuição F, com 1 grau de liberdade no numerador e $(n-2)$ no denominador, ser maior do que $F = 22{,}38$. Fixando-se o nível de significância $\alpha = 1\%$, temos $F_{c;\,1;\,6} = 13{,}75$ e, como temos $F > F_{c;\,1;\,6}$, ou, de modo equivalente, $P < \alpha$, podemos rejeitar a hipótese $H_0: \beta = 0$ e concluir que o modelo de regressão linear é significativo.

Observemos, ainda, que $\sqrt{22{,}38} = 4{,}73$, valor já obtido no cálculo do coeficiente de correlação de Pearson; no caso geral vale a seguinte relação entre as distribuições F e t-Student: $F_{1,\,n} = t_n^2$.

7.4.5 Intervalos de confiança

Fixado um valor da variável independente X, por exemplo $X = x_0$, podemos construir intervalos de confiança para o valor médio da variável dependente Y e para um particular valor de Y.

Como o modelo é da forma $Y = \alpha + \beta X + e$, com $e \approx N(0;\,\sigma_R^2)$, para $X = x_0$, Y tem distribuição normal com média $E(Y|X = x_0) = \alpha + \beta x_0$ e variância $var(Y|X = x_0) = \sigma_R^2$, então pode ser verificado que:

$$E[\hat{y}(x_0)] = \alpha + \beta x_0$$

e

$$var[\hat{y}(x_0)] = \frac{\sigma_R^2}{n} + (x_0 - \overline{x})^2 \frac{\sigma_R^2}{S_{xx}}$$

Então, o intervalo de confiança para o valor esperado de Y, dado $X = x_0$, com coeficiente de confiança $1 - \alpha$, será dado por:

$$\hat{y}(x_0) \pm t_{n-2;\frac{\alpha}{2}} s_R \sqrt{\frac{1}{n} + \frac{(x_0 - \overline{x})^2}{S_{xx}}}$$

onde:

$$\hat{y}(x_0) = a + bx_0$$

s_R^2 é a estimativa da variância residual dada por $s_R^2 = \frac{S_{yy} - bS_{xy}}{n-2}$, sendo s_R o desvio padrão e

$t_{n-2;\frac{\alpha}{2}}$ é o valor crítico obtido na tabela da distribuição t-Student, com $n - 2$ graus de liberdade e o intervalo de confiança para um valor individual de Y, dado $X = x_0$, com coeficiente de confiança $1 - \alpha$, será dado por:

$$\hat{y}(x_0) \pm t_{n-2;\frac{\alpha}{2}} s_R \sqrt{1 + \frac{1}{n} + \frac{(x_0 - \overline{x})^2}{S_{xx}}}$$

Ainda no exemplo 7.1, para o cálculo do intervalo de confiança para o valor esperado das vendas do produto, quando se gastam 10 unidades monetárias em propaganda, temos:

$$x_0 = 10$$

$$y(x_0) = a + bx_0 = 2{,}360\ 8 + 0{,}197\ 6(10) = 4{,}336\ 8$$

$$\left.\begin{array}{l}\gamma = 0{,}95 \Rightarrow \alpha = 0{,}05 \\ n-2 = 6 \text{ graus de liberdade}\end{array}\right\} \Rightarrow t_{n-2-\frac{\alpha}{2}} = 2{,}447$$

e utilizando os valores já calculados: $s_R^2 = 0{,}073\ 32$, $\bar{x} = 4{,}5$ e $S_{xx} = 42$, obtemos o intervalo de confiança:

$$4{,}336\ 8 \pm 2{,}447(0{,}270\ 8)\sqrt{\frac{1}{8} + \frac{(10-4{,}5)^2}{42}} = 4{,}336\ 8 \pm 0{,}609\ 2 \cong [3{,}73;\ 4{,}95]$$

portanto, podemos concluir, com 95% de confiança, que, gastando-se 10 unidades monetárias em propaganda, o valor médio das vendas do produto estará entre 3,73 e 4,95 milhares de unidades.

7.4.6 Funções linearizáveis

Sabemos que, para que possamos ajustar um modelo de regressão linear entre duas variáveis, devemos verificar se existe uma correlação linear entre elas. No entanto, mesmo que a função que relaciona as variáveis não seja linear, podemos muitas vezes torná-la por meio de uma transformação conveniente. Apresentaremos em seguida alguns tipos de funções que podem ser facilmente linearizadas.

1. *Função potência*: $Y = AX^\beta$
   Aplicando uma transformação logarítmica nas variáveis X e Y, obtemos:
   $\log Y = \log A + \beta \log X$
   Então, pela mudança de variáveis:
   $Z = \log Y$, $\alpha = \log A$ e $W = \log X$
   obtemos o modelo linear
   $Z = \alpha + \beta W$

2. *Função exponencial*: $Y = Ae^{\beta X}$
   Analogamente, aplicando a transformação logarítmica, obtemos:
   $Z = \alpha + \beta X$

3. *Função hipérbole*: $Y = \alpha + \dfrac{\beta}{X}$

   Utilizamos a transformação $Z = \dfrac{1}{X}$, obtendo-se:

   $Y = \alpha + \beta Z$

4. *Funções do tipo*: $Y = \dfrac{1}{\alpha + \beta X}$

   Nesse caso fazemos $Z = \dfrac{1}{Y}$, obtendo-se:
   $Z = \alpha + \beta X$

Lembremos que, para que possamos aplicar a técnica de regressão linear, deveremos verificar se após as transformações as condições de normalidade e variância constante dos resíduos podem ainda ser consideradas como aproximadamente válidas.

7.5 Regressão linear múltipla

7.5.1 Introdução

Na regressão linear simples consideramos o caso de que uma variável dependente Y é(ou pode ser transformada em) uma função linear de uma única variável X. Na regressão linear múltipla vamos considerar o caso de que uma variável dependente Y seja uma função linear de duas ou mais variáveis independentes X_i, não correlacionadas entre si. Supondo que a variável Y seja função linear de k variáveis independentes $X_1, X_2, \ldots X_k$, isto é, supondo que o seu comportamento possa ser explicado por meio dessas k variáveis, adotaremos o modelo:

$$Y = \alpha + \beta_1 X_1 + \beta_2 X_2 + \ldots + \beta_k X_k + e$$

com as mesmas suposições da regressão linear simples, de não aleatoriedade para cada uma das variáveis X_i e de normalidade dos resíduos. Isto é, fixados os valores das variáveis $X_1, X_2, \ldots X_k$, o resíduo tem distribuição normal com média zero e variância constante $e \sim N(0; \sigma_R^2)$.

Nesse caso, teremos para os valores esperados de Y,

$$E(Y|X) = \alpha + \beta_1 X_1 + \beta_2 X_2 + \ldots + \beta_k X_k$$

No caso particular da regressão múltipla, em que $X_1 = X$, $X_2 = X^2$, $\ldots X_k = X^k$, obtemos, em primeira aproximação, a regressão polinomial

$$Y = \alpha + \beta_1 X + \beta_2 X^2 + \ldots + \beta_k X^k + e$$

Como, as variáveis $X_i = X^i$ são obviamente correlacionadas, recomenda-se, nesse caso, a utilização de técnicas especiais de correção dos resultados, encontradas na literatura, ou, pelo menos, a diminuição do nível nominal (α) do teste, a favor da segurança.

7.5.2 Estimação dos parâmetros

Como na regressão linear simples, os parâmetros $\alpha, \beta_1, \beta_2, \ldots \beta_k$ do modelo serão estimados pelo método dos mínimos quadrados, a partir de n valores de cada uma das variáveis $Y, X_1, X_2 \ldots X_k$, por uma amostra da forma:

y	x_1	x_2	$\ldots$	x_k
y_1	x_{11}	x_{21}		x_{k1}
y_2	x_{12}	x_{22}		x_{k2}
$\vdots$				
y_n	x_{1n}	x_{2n}		x_{kn}

obtendo-se o modelo de regressão estimado

$$\hat{y} = a + b_1 x_1 + b_2 x_2 + \ldots + b_k x_k$$

Os coeficientes do modelo são estimados, então, minimizando-se a soma dos quadrados dos resíduos

$$S = \sum_{i=1}^{n}(y_i - \hat{y}_i)^2 = \sum_{i=1}^{n}(y_i - a - b_1 x_1 - b_2 x_2 - \ldots - b_k x_k)^2$$

obtendo-se:

$$a = \bar{y} - b_1 \bar{x}_1 - b_2 \bar{x}_2 - \cdots - b_k \bar{x}_k$$

onde

$$\bar{y} = \frac{\sum y}{n} \qquad \bar{x}_1 = \frac{\sum x_1}{n} \qquad \bar{x}_2 = \frac{\sum x_2}{n} \quad \ldots \quad \bar{x}_k = \frac{\sum x_k}{n}$$

e os valores dos coeficientes estimados $b_1, b_2 \cdots b_k$ são obtidos resolvendo-se o seguinte sistema linear de k equações e k incógnitas:

$$\begin{cases} S_{1y} = b_1 S_{11} + b_2 S_{12} + \ldots b_k S_{1k} \\ S_{2y} = b_1 S_{21} + b_2 S_{22} + \ldots b_k S_{2k} \\ \vdots \\ S_{ky} = b_1 S_{k1} + b_2 S_{k2} + \ldots b_k S_{kk} \end{cases}$$

onde

$$S_{ii} = S_{x_i x_i} = \sum (x_i - \bar{x}_i)^2 = \sum x_i^2 - \frac{(\sum x_i)^2}{n} \quad i = 1, 2 \ldots k$$

$$S_{ij} = S_{x_i x_j} = \sum (x_i - \bar{x}_i)(x_j - \bar{x}_j) = \sum x_i x_j - \frac{(\sum x_i)(\sum x_j)}{n} \quad i, j = 1, 2 \ldots k, \quad i \neq j$$

$$S_{iy} = S_{x_i y} = \sum (x_i - \bar{x}_i)(y - \bar{y}) = \sum x_i y - \frac{(\sum x_i)(\sum y)}{n} \quad i = 1, 2 \ldots k$$

onde os somatórios indicam os totais dos n valores de cada uma das variáveis. Observemos, ainda, que $S_{ij} = S_{ji}$.

7.5.3 Análise de variância

Como no caso da regressão linear simples, o teste do modelo é feito testando-se a hipótese:

$$\begin{cases} H_0: \beta_1 = \beta_2 = \ldots \beta_k = 0 \\ H_1: \beta_i \neq 0 \text{ para pelo menos algum } i \end{cases}$$

A hipótese nula H_0 indica que o modelo não é significativo e a sua rejeição nos leva à conclusão de que pelo menos uma das variáveis independentes contribui significativamente para o modelo. O teste é feito pela estatística F indicada no quadro de análise de variância seguinte.

Fonte de variação	Graus de liberdade	Somas dos quadrados	Quadrados médios	Estatística F
Regressão	k	$SQE = \Sigma b_i S_{iy}$	$s_E^2 = SQE/k$	$F = \dfrac{s_E^2}{s_R^2}$
Resíduo	$n-k-1$	$SQR = S_{yy} - \Sigma b_i S_{iy}$	$s_R^2 = SQR/(n-k-1)$	
Total	$n-1$	$SQT = S_{yy}$		

Rejeitaremos H_0, a um nível de significância α, se:

$$F > F_{c,k,(n-k-1)}$$

onde $F_{c,k,(n-k-1)}$ é o valor crítico da distribuição F com k graus de liberdade no numerador e $(n-k-1)$ no denominador. Ou, de modo equivalente, se obtivermos a probabilidade

$$P = P\,[F_{k,(n-k-1)} > F] < \alpha$$

7.5.4 Coeficiente de determinação

O coeficiente de determinação que mede a proporção da variabilidade total de Y explicada pela regressão é calculado na regressão múltipla por:

$$R^2 = \frac{SQE}{SQT} = \frac{\sum b_i S_{iy}}{S_{yy}}$$

Como na regressão linear simples, temos $R^2 < 1$ e a sua raiz quadrada R é o coeficiente de correlação múltipla e mede o grau de dependência linear entre os valores de y e os das variáveis $x_1, x_2, \cdots x_k$. Quando $k = 1$, R se reduz ao coeficiente de correlação linear entre os valores das variáveis x e y.

Observemos que valores de R^2 próximos de 1 não significam necessariamente que o modelo seja adequado, pois a inclusão uma nova variável no modelo sempre provoca o aumento de R^2. Devemos, portanto, verificar se a inclusão dessa nova variável produz um aumento significativo na explicação do modelo. Essa questão é conhecida como análise de melhoria e será tratada após ao seguinte exemplo.

Exemplo 7.2

Sabe-se que a quantidade vendida y de determinado produto, em milhares de unidades, depende linearmente dos gastos com publicidade x_1 e do capital investido no treinamento dos vendedores x_2 (valores em unidades monetárias). Com base nas observações abaixo vamos estimar o modelo de regressão linear entre a variável dependente Y e as variáveis independentes X_1 e X_2.

Vendas (y)	5	7	13	15	20	19
Gastos com publicidade (x_1)	7	9	16	16	22	25
Gastos com treinamento (x_2)	2	3	5	6	10	10

A partir desses dados elaboramos a tabela a seguir.

y	x_1	x_2	$x_1 y$	$x_2 y$	$x_1 x_2$	x_1^2	x_2^2	y^2
5	7	2	35	10	14	49	4	25
7	9	3	63	21	27	81	9	49
13	16	5	208	65	80	256	25	169
15	16	6	240	90	96	256	36	225
20	22	10	440	200	220	484	100	400
19	25	10	475	190	250	625	100	361
79	95	36	1 461	576	687	1 751	274	1 229

Obtendo-se:

$$\bar{y} = \frac{79}{6} = 13{,}166\ 7 \qquad \bar{x}_1 = \frac{95}{6} = 15{,}833\ 3 \qquad \bar{x}_2 = \frac{36}{6} = 6{,}000\ 0$$

$$S_{11} = \sum x_1^2 - \frac{\left(\sum x_1\right)^2}{n} = 1\ 751 - \frac{(95)^2}{6} = 246{,}833\ 3$$

$$S_{22} = \sum x_2^2 - \frac{\left(\sum x_2\right)^2}{n} = 274 - \frac{(36)^2}{6} = 58{,}000\ 0$$

$$S_{12} = S_{21} = \sum x_1 x_2 - \frac{\left(\sum x_1\right)\left(\sum x_2\right)}{n} = 687 - \frac{(95)(36)}{6} = 117{,}000\ 0$$

$$S_{1y} = \sum x_1 y - \frac{\left(\sum x_1\right)\left(\sum y\right)}{n} = 1\ 461 - \frac{(95)(79)}{6} = 210{,}166\ 7$$

$$S_{2y} = \sum x_2 y - \frac{\left(\sum x_2\right)\left(\sum y\right)}{n} = 576 - \frac{(36)(79)}{6} = 102{,}000\ 0$$

$$S_{yy} = \sum y^2 - \frac{\left(\sum y\right)^2}{n} = 1\ 229 - \frac{(79)^2}{6} = 188{,}833\ 3$$

Os valores dos coeficientes estimados b_1 e b_2 são obtidos resolvendo-se o sistema de equações:

$$\begin{cases} S_{1y} = b_1 S_{11} + b_2 S_{12} \\ S_{2y} = b_1 S_{21} + b_2 S_{22} \end{cases}$$

obtêm-se $b_1 = 0{,}408$ e $b_2 = 0{,}936$ e

$a = \bar{y} - b_1 \bar{x}_1 - b_2 \bar{x}_2 = 13{,}17 - 0{,}408(15{,}83) - 0{,}936(6) = 1{,}09$

Então o modelo de regressão linear estimado será:

$\hat{y} = 1{,}09 + 0{,}408 x_1 + 0{,}936 x_2$

Para testar a significância do modelo, isto é, para testar se realmente existe uma relação linear entre a variável dependente Y e as variáveis independentes X_1 e X_2 vamos calcular as somas de quadrados e testar a hipótese:

$$\begin{cases} H_0 : \beta_1 = \beta_2 = 0 \\ H_1 : \text{temos pelo menos um dos } \beta_i \neq 0 \end{cases}$$

A rejeição da hipótese H_0 significa que pelo menos uma das variáveis X_1 ou X_2 contribui significativamente para o modelo. O quadro de análise de variância com os valores para o teste da significância do modelo é apresentado no quadro de análise de variância obtido no programa Minitab, digitando-se os dados nas colunas C1, C2 e C3 e acessando no menu *Stat* e, em seguida, *Regression*, conforme segue:

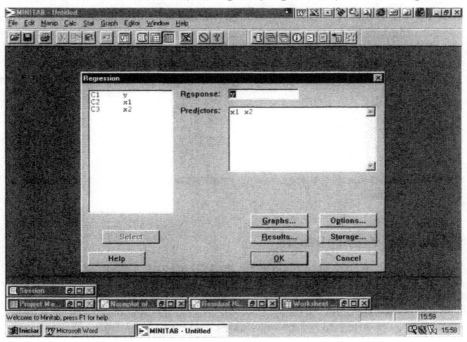

Obtém-se:

Regression Analysis: *y versus x*1; x2

The regression equation is

y = 1,09 + 0,408 x1 + 0,94 x2

R-Sq = 95,9%   R-Sq(adj) = 93,2%

Analysis of Variance

Source	DF	SS	MS	F	P
Regression	2	181,176	90,588	35,49	0,008
Residual Error	3	7,658	2,553		
Total	5	188,833			

Source	DF	Seq SS
x1	1	178,947
x2	1	2,229

Além do modelo de regressão estimado e das somas de quadrados indicadas no quadro de análise de variância, o programa Minitab nos fornece as estatísticas *t* para o teste das hipóteses nulas de que cada coeficiente do modelo é igual a zero.

A análise de variância nos forneceu uma probabilidade $P = 0,008$ de que a distribuição F supere o valor obtido de $F = 35,49$. Podemos, então, para um nível de significância de $\alpha = 1\%$, rejeitar a hipótese nula de que os coeficientes do modelo sejam ambos nulos e considerar que o modelo é significativo.

Já vimos que um valor do coeficiente de determinação R^2 próximo de 1 significa uma boa aderência dos dados ao modelo. No entanto, a adequação do modelo depende de um tamanho de amostra suficientemente grande. Levando em conta o tamanho da amostra e o número de variáveis independentes do modelo, o programa Minitab fornece o valor do coeficiente de determinação ajustado para diferentes modelos de regressão linear múltipla. O coeficiente de determinação ajustado é definido por:

$$R^2_{\text{ajustado}} = \frac{\dfrac{SQT}{n-1} - \dfrac{SQR}{n-(k+1)}}{\dfrac{SQT}{n-1}} = 1 - \frac{n-1}{n-(k+1)}\left(1-R^2\right)$$

Entre dois modelos deveremos adotar aquele que possui o maior coeficiente de determinação ajustado.

7.5.5 Análise de melhoria

Um problema com que nos deparamos na regressão é a escolha das variáveis independentes a serem incluídas no modelo. Serão consideradas inicialmente no modelo as variáveis que estejam fortemente correlacionadas com a variável dependente. No entanto, a inclusão no modelo de duas variáveis que estejam correlacionadas entre si não produzirá uma melhoria significativa de ajuste, não sendo, portanto, aconselhável a inclusão dessas duas variáveis.

Consideremos, com os dados do exemplo 7.2, o modelo simples (1) $Y_{(1)} = \alpha' + \beta'X_1 + e'$, apenas com a variável X_1, estimado por:

$$\hat{y}_{(1)} = a' + b'x_1 = -0,315 + 0,851x_1$$

onde:

$$b' = \frac{S_{x_1 y}}{S_{x_1 x_1}} = \frac{S_{1y}}{S_{11}} = \frac{210,166\ 7}{246,833\ 3} = 0,851\ 5$$

$$a' = \bar{y} - b'\bar{x}_1 = \frac{79}{6} - 0,851\ 5\left(\frac{95}{6}\right) = -0,315\ 4$$

cujas somas de quadrados são:

$$SQE(1) = b'S_{1y} = 0,851\ 5(210,166\ 7) = 178,96$$

$$SQR(1) = S_{yy} - b'S_{1y} = 188,83 - 178,96 = 9,87$$

Ajustando aos dados o modelo múltiplo (2) $Y_{(2)} = \alpha + \beta_1 X_1 + \beta_2 X_2 + e$, considerando ambas as variáveis X_1 e X_2, obtivemos o modelo estimado:

$$\hat{y}_{(2)} = a + b_1 x_1 + b_2 x_2 = 1,09 + 0,408 x_1 + 0,936 x_2$$

cujas somas de quadrados são:

$$SQE(2) = b_1 S_{1y} + b_2 S_{2y} = 0,408(210,166\ 7) + 0,936(102,00) = 181,220$$

$$SQR(2) = S_{yy} - (b_1 S_{1y} + b_2 S_{2y}) = 7,61$$

Sendo a soma de quadrados da melhoria de ajuste

$$SQM = SQR(1) - SQR(2) = 2,26$$

e decompondo-se a soma de quadrados dos resíduos do modelo simples na nova soma de quadrados dos resíduos do modelo múltiplo e na soma de quadrados da melhoria de ajuste, podemos testar se essa melhoria é significativa pela técnica de analise de variância por meio da estatística F, indicada no quadro seguinte:

Fonte de variação	Graus de liberdade	Somas de quadrados	Quadrados médios	Estatística F	Nível descritivo P
Melhoria de ajuste	1	2,26	2,26	0,87	0,42
Resíduo com o modelo (2)	3	7,61	2,55		
Resíduo com o modelo (1)	4	9,87			

Fixando-se o nível de significância de $\alpha = 5\%$, temos $P > \alpha$ e, portanto, aceitamos a hipótese nula de que a melhoria de ajuste com a introdução da variável X_2 não é significativa, devendo-se adotar o modelo simples apenas com a variável X_1. Essa conclusão significa que, com a inclusão da nova variável X_2 no modelo, não se consegue uma redução substancial no resíduo.

Observemos que a soma de quadrados da melhoria de ajuste, necessária para o teste da significância da melhoria, é fornecida pelo programa Minitab, que decompõe a soma de quadrados explicada pelo modelo múltiplo na soma de quadrados explicada pelo modelo simples e na soma de quadrados da melhoria de ajuste.

No caso geral, para verificar se a inclusão de uma nova variável independente no modelo produz uma melhoria significativa de ajuste, vamos supor que temos um modelo com $(k-1)$ variáveis independentes do tipo:

$$Y_{(k-1)} = \alpha' + \beta'_1 X_1 + \ldots + \beta'_k X_{k-1} + e'$$

e queremos verificar se com a introdução de uma nova variável X_k, por meio do modelo:

$$Y_{(k)} = \alpha + \beta_1 X_1 + \ldots + \beta_{k-1} X_{k-1} + \beta_k X_k + e$$

obteremos um ganho significativo na explicação do modelo.

Testaremos, então, as hipóteses:

$\begin{cases} H_0: & \text{com a introdução da variável } X_k \text{ não houve melhoria significativa na explicação do modelo;} \\ H_1: & \text{a variável } X_k \text{ produz uma melhoria significativa na explicação do modelo.} \end{cases}$

O teste será feito pela técnica de análise de variância, decompondo-se a soma de quadrados dos resíduos do modelo com $(k-1)$ variáveis independentes $SQR(k-1)$ na soma de quadrados dos resíduos do modelo com k variáveis independentes $SQR(k)$ e na soma de quadrados da melhoria de explicação do modelo, por meio da estatística:

$$F = \frac{SQM}{SQR(k)/(n-k-1)}$$

onde:

$$SQM = SQE(k) - SQE(k-1) = \sum_{i=1}^{k} b_i S_{iy} - \sum_{i=1}^{k-1} b'_i S_{iy}$$

No caso particular do cálculo da melhoria de ajuste do modelo com duas variáveis, $Y = \alpha + \beta_1 X_1 + \beta_2 X_2 + e$, em que $k = 2$, em relação ao modelo que tem apenas uma variável $Y = \alpha' + \beta' X_1 + e$, a soma de quadrados da melhoria de ajuste é calculada por:

$$SQM = SQE(2) - SQE(1) = (b_1 S_{1y} + b_2 S_{2y}) - b'_1 S_{1y}$$

No caso geral de k variáveis independentes rejeitaremos H_0 e concluiremos que houve uma melhoria significativa de ajuste com a introdução da variável X_k, para um dado nível de significância α, se:

$F > F_{c;\,1;\,(n-k-1)}$, onde $F_{c;\,1;\,(n-k-1)}$ é o valor crítico da distribuição F de Snedecor (tabelada), com 1 grau de liberdade no numerador e $(n-k-1)$ no denominador. Esses cálculos podem ser resumidos no seguinte quadro de análise de variância:

Fonte de variação	Graus de liberdade	Soma de quadrados	Quadrados médios	Estatística F
Devida à melhoria de ajuste	1	SQM	SQM	$F = \dfrac{SQM}{s_k^2}$
Residual para o modelo com k variáveis	$n-k-1$	$SQR(k)$	$s_k^2 = \dfrac{SQR(k)}{n-k-1}$	
Residual para o modelo com $(k-1)$ variáveis	$n-k$	$SQR(k-1)$		

Observemos que:

$$SQR(k) = S_{yy} - b_1 S_{1y} - b_2 S_{2y} - \cdots - b_k S_{ky} = S_{yy} - SQE(k)$$
$$SQR(k-1) = S_{yy} - b'_1 S_{1y} - b'_2 S_{2y} - \cdots - b'_{k-1} S_{(k-1)y} = S_{yy} - SQE(k-1)$$

logo:

$$SQM = SQR(k-1) - SQR(k) = SQE(k) - SQE(k-1).$$

7.6 Exercícios

1. Uma amostra de 10 pessoas forneceu para as alturas x (em cm) e os pesos y (em kg) os seguintes valores:

Pessoa	1	2	3	4	5	6	7	8	9	10
Altura (x)	177	175	178	182	185	163	169	170	160	178
Peso (y)	91	72	67	93	80	71	68	65	65	83

   a) Calcule, para esses dados, o coeficiente de correlação linear de Pearson.

   b) Teste, ao nível de significância de 5%, se realmente existe uma correlação linear positiva entre as alturas e os pesos das pessoas na população.

2. Dez alunos de um curso de Engenharia obtiveram as seguintes notas de aproveitamento nas disciplinas Estatística e Cálculo:

Estatística	5,5	7,0	4,0	3,5	6,0	6,5	8,0	5,5	2,5	8,0
Cálculo	4,5	5,5	4,0	3,0	6,5	6,0	6,5	5,0	2,5	7,0

   Pode-se, ao nível de significância de 1%, afirmar que existe uma correlação linear entre as notas de aproveitamento em Estatística e Cálculo?

3. Teste, ao nível de significância de 2%, a existência de correlação linear entre x e y

x	55,8	45,1	221,4	166,3	164,0	113,2	82,4	32,5	228,3	196,0	112,4
y	68,1	71,3	82,0	86,9	53,7	60,8	64,4	68,1	79,3	81,6	56,0

4. Foram feitas 12 medidas para o esforço de tensão (Y) e dureza (X) do alumínio fundido sob pressão.

   Dados: $\Sigma x = 803$ $\quad \Sigma x^2 = 55\ 069$
   $\overline{y} = 325{,}50$ $\quad \Sigma y^2 = 1\ 285\ 802$
   $\Sigma xy = 264\ 385$

   a) Encontre o modelo de regressão linear, pelo método dos mínimos quadrados, para estimar o esforço de tensão a partir da dureza.

   b) Verifique se o modelo encontrado é significante ao nível de 1%.

5. Consideremos as variáveis X = despesas com propaganda em milhões de reais e Y = vendas de certo produto em milhares de unidades. Foram obtidos em uma amostra os valores:

x	1,5	5,5	10,0	3,0	7,5	5,0	13,0	4,0	9,0	12,5	15,0
y	120	190	240	140	180	150	280	110	210	220	310

a) Estime a reta de mínimos quadrados.
b) Teste a significância da regressão de Y em X, adotando nível de significância de 5%.
c) Determine o coeficiente de explicação.
d) Determine a previsão do valor esperado de Y, para $X = 16$, com coeficiente de confiança de 95%.

Dados: $\Sigma x = 86{,}00$ $\quad \Sigma y = 2\,150 \quad$ $\Sigma x^2 = 870{,}00$

$\Sigma y^2 = 461\,700 \quad \Sigma xy = 19\,515{,}00$

6. A tabela seguinte apresenta os custos totais de fabricação, Y em milhares de reais, de determinado produto em função do número X de unidades produzidas.

Quantidade (*x*)	10	20	30	40	50
Custos (*y*)	110	215	295	400	490

Obteve-se, a partir desses dados, pelo método dos mínimos quadrados, a reta de regressão estimada $\hat{y} = 18{,}50 + 9{,}45x$. Podemos, ao nível de 5% de significância, concluir que o valor esperado dos custos fixos (custos sem nenhuma produção) é inferior a 35 mil reais?

7. O gasto com alimentação por família é, em determinada faixa de renda, função linear da renda familiar. Uma amostra de famílias forneceu os seguintes dados:

Renda familiar (milhares de reais)	1,0	1,2	1,4	1,6	1,8
Gasto com alimentação (reais)	200	221	239	262	279

a) Ajuste o modelo linear aos dados e teste-o ao nível de 5% de significância.
b) Qual o gasto esperado com alimentação para uma família com renda de 2 mil reais?

Responda apresentando um intervalo de 95% de confiança.

8. Os resultados abaixo, obtidos no programa Minitab, referem-se às variáveis velocidade (em km/h) e consumo de combustível (em km/L), observadas em testes de certo tipo de automóvel.

Regression Analysis: Consumo (km/L) *versus* Velocidade (km/h)

```
The regression equation is
Consumo(km/L) = 10,7 - 0,0432 Velocidade(km/h)
Analysis of Variance
Source              DF       SS         MS       F        P
Regression           1       13,127
Residual Error       9
Total               10       13,345
```

a) Complete a tabela de análise de variância acima e teste, ao nível de 1%, se o modelo é significativo.

b) Obtenha um intervalo de 95% de confiança para o consumo esperado para esse tipo de automóvel a uma velocidade de 150 km/h, sabendo-se que a velocidade média nos testes foi de 120 km/h.

9. Supõe-se que uma variável dependente Y seja função linear das variáveis independentes X_1 e X_2. A partir de 12 observações dessas variáveis obteve-se o modelo estimado $\hat{y} = 4{,}55 - 0{,}194x_1 + 2{,}660x_2$. Sabendo-se que o modelo com as duas variáveis é significativo, teste ao nível de 5% de significância se foi significativa a melhoria de ajuste com a introdução da variável X_2.

$S_{1y} = -112{,}58 \quad S_{2y} = 123{,}08$

$S_{11} = 704{,}92 \quad S_{yy} = 450{,}92$

10. Foi feito um levantamento em 19 cidades do Estado de São Paulo a respeito da extensão da rede elétrica Y (em km de rede) em função da população economicamente ativa X_1 (em mil habitantes) e da extensão territorial da cidade X_2 (em mil km²).

    Dados: $\sum Y = 1\,269{,}52 \quad \sum(X_1 X_2) = 8{,}21$

    $\sum X_1^2 = 69{,}14 \quad \sum X_1 = 19{,}42 \quad \sum(X_1 Y) = 3\,649{,}24$

    $\sum X_2^2 = 2{,}28 \quad \sum X_2 = 5{,}30 \quad \sum(X_2 Y) = 465{,}86$

    $\sum Y^2 = 202\,054{,}60$

    a) Sabendo-se que a regressão linear simples de Y em função de X_1 é significante, verificar se o modelo múltiplo com X_1 e X_2 é melhor que o simples, ao nível de 5% de significância.
    b) Estimar, usando o melhor modelo, a extensão da rede elétrica numa cidade com uma população economicamente ativa de 60 000 pessoas e uma extensão territorial de 800 km².

11. Dadas as variáveis X e Y, observou-se que o melhor modelo que as relaciona é:

    $Y = \alpha + \beta X^2 + e$

    Para estimar esse modelo colheu-se uma amostra de 5 pares de valores:

y	27	42	44	64	118
x	3	4	4	5	7

    a) Estime o modelo
    b) Verifique se o modelo acima é significante.

12. Na determinação experimental de 7 pares (x, y) obtiveram-se os resultados:

x	1	2	3	4	5	6	7
y	6,3	15,8	32,1	53,8	83,0	115,1	155,2

que fornecem:

$\Sigma x = 28$ $\Sigma x^2 = 140$ $\Sigma y = 461,3$ $\Sigma xy = 2\,541,4$ $\Sigma y^2 = 48\,438,23$

$\Sigma x^3 = 784$ $\Sigma x^4 = 4\,676$ $\Sigma x^2 y = 15\,042,6$

Verifique se a parábola oferece uma representação do fenômeno melhor que a reta. (Use nível de significância de 0,1%.)

13. Sabe-se que a variável Y se relaciona com as variáveis X_1 e X_2 pelo modelo de regressão linear múltipla $Y = -0,48 + 5,77\,X_1 - 0,32\,X_2$, obtido com base em 5 observações da variável Y correspondentes a 5 valores das variáveis X_1 e X_2. Sabendo-se que, para essas 5 observações, temos:

$\Sigma x_1 = 15,0$ $\Sigma x_2 = 150,0$ $\Sigma y = 37,0$ $\Sigma x_1 y = 159,3$

$\Sigma x_2 y = 1\,204,5$ $\Sigma x_1^2 = 55,0$ $\Sigma x_2^2 = 4\,750,0$ $\Sigma y^2 = 527,54$

a) obtenha o modelo de regressão linear simples, apenas com a variável X_1.
b) verifique se o modelo de regressão linear múltiplo dado é significativamente melhor do que o modelo simples obtido no item anterior (Use nível de significância de 5%.)

14. O comprimento de uma haste foi estudado sob 8 pares diferentes de condições de pressão e temperatura. A equação da função de regressão linear do comprimento Y (cm) em relação à temperatura X_1 (°C) e à pressão X_2 (atm) é:

$Y = 7,760\,3 + 0,039\,9\,X_1 + 0,036\,4\,X_2$

Teste, ao nível de 5% de significância, se o modelo é adequado. Teste também ao nível de 5% de significância se a pressão afeta o comprimento, isto é, se foi significativa a melhoria obtida com a introdução de X_2 no modelo. Com base nas respostas anteriores, que modelo você escolheria?

$\Sigma x_1 = 255$ $\Sigma x_2 = 9,7$ $\Sigma y = 72,6$

$S_{11} = 796,875$ $S_{12} = -10,687\,5$ $S_{22} = 0,508\,75$

$S_{1y} = 31,375$ $S_{2y} = -0,407\,5$ $\Sigma y^2 = 660,20$

7.7 Respostas

1. a) $r = 0{,}658\,6$

   b) $t = 2{,}48$, portanto existe uma correlação linear positiva.

2. Sim, $t = 7{,}94$.

3. Não existe correlação linear entre as variáveis X e Y, $(P = 0{,}141 > \alpha)$.

4. a) $\hat{y} = 174{,}94 + 2{,}25x$

   b) $t = 2{,}98$; modelo não significativo ao nível de 1%.

5. a) $\hat{y} = 88{,}39 + 13{,}69x$

   b) $t = 8{,}676$; modelo significativo.

   c) $R^2 = 89\%$

   d) [274,58; 340,34]

6. Sim, $t = 2{,}41$.

7. a) $\hat{y} = 100{,}9 + 99{,}5x$ $F = 1\,773$; modelo significativo.

   b) [294,91; 304,89]

8. a) $F = 541{,}94$; o modelo é significativo.

   b) [4,06; 4,38]

9. $F = 29{,}32$; a melhoria é significativa.

10. $F = 2{,}60$; não há melhoria.

    b) $2\,880{,}65$ km

11. a) $\hat{y} = 6{,}79 + 2{,}27x^2$

    b) O modelo é significante.

12. $F_{modelo} = 7\,439{,}65$ $F_{melhoria} = 596{,}70$
    A parábola é melhor.

13. a) $\hat{y} = -7{,}09 + 4{,}83\,x$

    b) $F = 5{,}72$ O modelo simples é melhor.

14. $F_{modelo\,2} = 26{,}229$ $F_{melhoria} = 0{,}083$
    A melhoria não é significativa.

    $F_{modelo\,1} = 61{,}75$
    O modelo escolhido é $\hat{y} = 7{,}819 + 0{,}039\,4x_1$

TABELAS ESTATÍSTICAS

TABELA 1 — DISTRIBUIÇÃO NORMAL

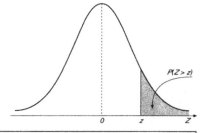

Parte inteira e primeira decimal de z	\multicolumn{10}{c}{Segunda decimal de z}										
	0	1	2	3	4	5	6	7	8	9
0,0	0,5000	0,4960	0,4920	0,4880	0,4841	0,4801	0,4761	0,4721	0,4681	0,4641
0,1	0,4602	0,4562	0,4522	0,4483	0,4443	0,4404	0,4364	0,4325	0,4286	0,4247
0,2	0,4207	0,4168	0,4129	0,4091	0,4052	0,4013	0,3974	0,3936	0,3897	0,3859
0,3	0,3821	0,3783	0,3745	0,3707	0,3669	0,3632	0,3594	0,3557	0,3520	0,3483
0,4	0,3446	0,3409	0,3372	0,3336	0,3300	0,3264	0,3228	0,3192	0,3156	0,3121
0,5	0,3085	0,3050	0,3015	0,2981	0,2946	0,2912	0,2877	0,2843	0,2810	0,2776
0,6	0,2743	0,2709	0,2676	0,2644	0,2611	0,2579	0,2546	0,2514	0,2483	0,2451
0,7	0,2420	0,2389	0,2358	0,2327	0,2297	0,2266	0,2236	0,2207	0,2177	0,2148
0,8	0,2119	0,2090	0,2061	0,2033	0,2005	0,1977	0,1949	0,1922	0,1894	0,1867
0,9	0,1841	0,1814	0,1788	0,1762	0,1736	0,1711	0,1685	0,1660	0,1635	0,1611
1,0	0,1587	0,1563	0,1539	0,1515	0,1492	0,1469	0,1446	0,1423	0,1401	0,1379
1,1	0,1357	0,1335	0,1314	0,1292	0,1271	0,1251	0,1230	0,1210	0,1190	0,1170
1,2	0,1151	0,1131	0,1112	0,1094	0,1075	0,1057	0,1038	0,1020	0,1003	0,0985
1,3	0,0968	0,0951	0,0934	0,0918	0,0901	0,0885	0,0869	0,0853	0,0838	0,0823
1,4	0,0808	0,0793	0,0778	0,0764	0,0749	0,0735	0,0721	0,0708	0,0694	0,0681
1,5	0,0668	0,0655	0,0643	0,0630	0,0618	0,0606	0,0594	0,0582	0,0571	0,0559
1,6	0,0548	0,0537	0,0526	0,0516	0,0505	0,0495	0,0485	0,0475	0,0465	0,0455
1,7	0,0446	0,0436	0,0427	0,0418	0,0409	0,0401	0,0392	0,0384	0,0375	0,0367
1,8	0,0359	0,0351	0,0344	0,0336	0,0329	0,0322	0,0314	0,0307	0,0301	0,0294
1,9	0,0287	0,0281	0,0274	0,0268	0,0262	0,0256	0,0250	0,0244	0,0239	0,0233
2,0	0,0228	0,0222	0,0217	0,0212	0,0207	0,0202	0,0197	0,0192	0,0188	0,0183
2,1	0,0179	0,0174	0,0170	0,0166	0,0162	0,0158	0,0154	0,0150	0,0146	0,0143
2,2	0,0139	0,0136	0,0132	0,0129	0,0125	0,0122	0,0119	0,0116	0,0113	0,0110
2,3	0,0107	0,0104	0,0102	0,0099	0,0096	0,0094	0,0091	0,0089	0,0087	0,0084
2,4	0,0082	0,0080	0,0078	0,0075	0,0073	0,0071	0,0069	0,0068	0,0066	0,0064
2,5	0,0062	0,0060	0,0059	0,0057	0,0055	0,0054	0,0052	0,0051	0,0049	0,0048
2,6	0,0047	0,0045	0,0044	0,0043	0,0041	0,0040	0,0039	0,0038	0,0037	0,0036
2,7	0,0035	0,0034	0,0033	0,0032	0,0031	0,0030	0,0029	0,0028	0,0027	0,0026
2,8	0,0026	0,0025	0,0024	0,0023	0,0023	0,0022	0,0021	0,0021	0,0020	0,0019
2,9	0,0019	0,0018	0,0018	0,0017	0,0016	0,0016	0,0015	0,0015	0,0014	0,0014
3,0	0,0013	0,0013	0,0013	0,0012	0,0012	0,0011	0,0011	0,0011	0,0010	0,0010

TABELA 2 — DISTRIBUIÇÃO *t* DE STUDENT

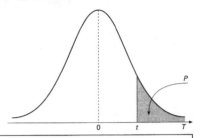

φ	\multicolumn{5}{c}{P}
	0,10	0,05	0,025	0,01	0,005
1	3,078	6,314	12,706	31,821	63,657
2	1,886	2,920	4,303	6,965	9,925
3	1,638	2,353	3,182	4,541	5,841
4	1,533	2,132	2,776	3,747	4,604
5	1,476	2,015	2,571	3,365	4,032
6	1,440	1,943	2,447	3,143	3,707
7	1,415	1,895	2,365	2,998	3,499
8	1,397	1,860	2,306	2,896	3,355
9	1,383	1,833	2,262	2,821	3,250
10	1,372	1,812	2,228	2,764	3,169
11	1,363	1,796	2,201	2,718	3,106
12	1,356	1,782	2,179	2,681	3,055
13	1,350	1,771	2,160	2,650	3,012
14	1,345	1,761	2,145	2,624	2,977
15	1,341	1,753	2,131	2,602	2,947
16	1,337	1,746	2,120	2,583	2,921
17	1,333	1,740	2,110	2,567	2,898
18	1,330	1,734	2,101	2,552	2,878
19	1,328	1,729	2,093	2,539	2,861
20	1,325	1,725	2,086	2,528	2,845
21	1,323	1,721	2,080	2,518	2,831
22	1,321	1,717	2,074	2,508	2,819
23	1,319	1,714	2,069	2,500	2,807
24	1,318	1,711	2,064	2,492	2,797
25	1,316	1,708	2,060	2,485	2,787
26	1,315	1,706	2,056	2,479	2,779
27	1,314	1,703	2,052	2,473	2,771
28	1,313	1,701	2,048	2,467	2,763
29	1,311	1,699	2,045	2,462	2,756
30	1,310	1,697	2,042	2,457	2,750
40	1,303	1,684	2,021	2,423	2,704
60	1,296	1,671	2,000	2,390	2,660
120	1,289	1,658	1,980	2,358	2,617
∞	1,282	1,645	1,960	2,326	2,576

Observação: φ = número de graus de liberdade.

TABELA 3
DISTRIBUIÇÃO QUI-QUADRADO (χ^2)

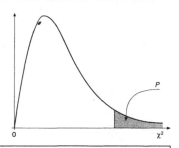

ϕ	\multicolumn{10}{c}{P}
	0,995	0,99	0,975	0,95	0,90	0,10	0,05	0,025	0,01	0,005
1	0,000	0,000	0,001	0,004	0,016	2,706	3,841	5,024	6,635	7,879
2	0,010	0,020	0,051	0,103	0,211	4,605	5,991	7,378	9,120	10,597
3	0,072	0,115	0,216	0,352	0,584	6,251	7,815	9,348	11,345	12,838
4	0,207	0,297	0,484	0,711	1,064	7,779	9,488	11,143	13,277	14,860
5	0,412	0,554	0,831	1,145	1,610	9,236	11,070	12,832	15,086	16,750
6	0,676	0,872	1,237	1,635	2,204	10,645	12,592	14,449	16,812	18,548
7	0,989	1,239	1,690	2,167	2,833	12,017	14,067	16,013	18,475	20,278
8	1,344	1,646	2,180	2,733	3,490	13,362	15,507	17,535	20,090	21,955
9	1,735	2,088	2,700	3,325	4,168	14,684	16,919	19,023	21,666	23,589
10	2,156	2,558	3,247	3,940	4,865	15,987	18,307	20,483	23,209	25,188
11	2,603	3,053	3,816	4,575	5,578	17,275	19,675	21,920	24,725	26,757
12	3,074	3,571	4,404	5,226	6,304	18,549	21,026	23,337	26,217	28,300
13	3,565	4,107	5,009	5,892	7,042	19,812	22,362	24,736	27,688	29,819
14	4,075	4,660	5,629	6,571	7,790	21,064	23,685	26,199	29,141	31,319
15	4,601	5,229	6,262	7,261	8,547	22,307	24,996	27,488	30,578	32,801
16	5,142	5,812	6,908	7,962	9,312	23,542	26,296	28,845	32,000	34,267
17	5,697	6,408	7,564	8,672	10,085	24,769	27,587	30,191	33,409	35,718
18	6,265	7,015	8,231	9,390	10,865	25,989	28,869	31,526	34,805	37,156
19	6,844	7,633	8,907	10,117	11,651	27,204	30,144	32,852	36,191	38,582
20	7,434	8,260	9,591	10,851	12,443	28,412	31,410	34,170	37,566	39,997
21	8,034	8,897	10,283	11,591	13,240	29,615	31,671	35,479	38,932	41,401
22	8,643	9,542	10,982	12,338	14,041	30,813	33,924	36,781	40,289	42,796
23	9,260	10,196	11,688	13,091	14,848	32,007	35,172	38,076	41,638	44,181
24	9,886	10,856	12,401	13,848	15,659	33,197	36,415	39,364	42,980	45,558
25	10,520	11,524	13,120	14,611	16,473	34,382	37,652	40,646	44,314	46,928
26	11,160	12,198	13,844	15,379	17,292	35,563	38,885	41,923	45,642	48,290
27	11,808	12,879	14,573	16,151	18,114	36,741	40,113	43,194	46,963	49,645
28	12,461	13,565	15,308	16,928	18,939	37,916	41,337	44,461	48,278	50,993
29	13,121	14,256	16,047	17,708	19,768	39,087	42,557	45,722	49,588	52,336
30	13,787	14,953	16,791	18,493	20,599	40,256	43,773	46,979	50,892	53,672
40	20,707	22,164	24,433	26,509	29,051	51,805	55,758	59,342	63,691	66,766
50	27,991	29,707	32,357	34,764	37,689	63,167	67,505	71,420	76,154	79,490
60	35,535	37,485	40,482	43,188	46,459	74,397	79,082	83,298	88,379	91,952

Observação: ϕ = número de graus de liberdade.

TABELA 4
DISTRIBUIÇÃO F (para $P = 5\%$)

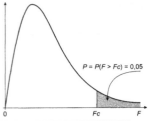

$P = P(F > Fc) = 0{,}05$

ϕ_2 \ ϕ_1	1	2	3	4	5	6	7	8	9	10	12	15	20	24	30	40	60	120	∞
1	161,4	199,5	215,7	224,6	230,2	234,0	236,8	238,9	240,5	241,9	243,9	245,9	248,0	249,1	250,1	251,1	252,2	253,3	254,3
2	18,51	19,00	19,16	19,25	19,30	19,33	19,35	19,37	19,38	19,40	19,41	19,43	19,45	19,45	19,46	19,47	19,48	19,49	19,50
3	10,13	9,55	9,25	9,12	9,01	8,94	8,89	8,85	8,81	8,79	8,74	8,70	8,66	8,64	8,62	8,59	8,57	8,55	8,53
4	7,71	6,94	6,59	6,39	6,26	6,16	6,09	6,04	6,00	5,96	5,91	5,86	5,80	5,77	5,75	5,72	5,69	5,66	5,63
5	6,61	5,79	5,41	5,19	5,05	4,95	4,88	4,82	4,77	4,74	4,68	4,62	4,56	4,53	4,50	4,46	4,43	4,40	4,36
6	5,99	5,14	4,76	4,53	4,39	4,28	4,21	4,15	4,10	4,06	4,00	3,94	3,87	3,84	3,81	3,77	3,74	3,70	3,67
7	5,59	4,74	4,35	4,12	3,97	3,87	3,79	3,73	3,68	3,64	3,57	3,51	3,44	3,41	3,38	3,34	3,30	3,27	3,23
8	5,32	4,46	4,07	3,84	3,69	3,58	3,50	3,44	3,39	3,35	3,28	3,22	3,15	3,12	3,08	3,04	3,01	2,97	2,93
9	5,12	4,26	3,86	3,63	3,48	3,37	3,29	3,23	3,18	3,14	3,07	3,01	2,94	2,90	2,86	2,83	2,79	2,75	2,71
10	4,96	4,10	3,71	3,48	3,33	3,22	3,14	3,07	3,02	2,98	2,91	2,85	2,77	2,74	2,70	2,66	2,62	2,58	2,54
11	4,84	3,98	3,59	3,36	3,20	3,09	3,01	2,95	2,90	2,85	2,79	2,72	2,65	2,61	2,57	2,53	2,49	2,45	2,40
12	4,75	3,89	3,49	3,26	3,11	3,00	2,91	2,85	2,80	2,75	2,69	2,62	2,54	2,51	2,47	2,43	2,38	2,34	2,30
13	4,67	3,81	3,41	3,18	3,03	2,92	2,83	2,77	2,71	2,67	2,60	2,53	2,46	2,42	2,38	2,34	2,30	2,25	2,21
14	4,60	3,74	3,34	3,11	2,96	2,85	2,76	2,70	2,65	2,60	2,53	2,46	2,39	2,35	2,31	2,27	2,22	2,18	2,13
15	4,54	3,68	3,29	3,06	2,90	2,79	2,71	2,64	2,59	2,54	2,48	2,40	2,33	2,29	2,25	2,20	2,16	2,11	2,07
16	4,49	3,63	3,24	3,01	2,85	2,74	2,66	2,59	2,54	2,49	2,42	2,35	2,28	2,24	2,19	2,15	2,11	2,06	2,01
17	4,45	3,59	3,20	2,96	2,81	2,70	2,61	2,55	2,49	2,45	2,38	2,31	2,23	2,19	2,15	2,10	2,06	2,01	1,96
18	4,41	3,55	3,16	2,93	2,77	2,66	2,58	2,51	2,46	2,41	2,34	2,27	2,19	2,15	2,11	2,06	2,02	1,97	1,92
19	4,38	3,52	3,13	2,90	2,74	2,63	2,54	2,48	2,42	2,38	2,31	2,23	2,16	2,11	2,07	2,03	1,98	1,93	1,88
20	4,35	3,49	3,10	2,87	2,71	2,60	2,51	2,45	2,39	2,35	2,28	2,20	2,12	2,08	2,04	1,99	1,95	1,90	1,84
21	4,32	3,47	3,07	2,84	2,68	2,57	2,49	2,42	2,37	2,32	2,25	2,18	2,10	2,05	2,01	1,96	1,92	1,87	1,81
22	4,30	3,44	3,05	2,82	2,66	2,55	2,46	2,40	2,34	2,30	2,23	2,15	2,07	2,03	1,98	1,94	1,89	1,84	1,78
23	4,28	3,42	3,03	2,80	2,64	2,53	2,44	2,37	2,32	2,27	2,20	2,13	2,05	2,01	1,96	1,91	1,86	1,81	1,76
24	4,26	3,40	3,01	2,78	2,62	2,51	2,42	2,36	2,30	2,25	2,18	2,11	2,03	1,98	1,94	1,89	1,84	1,79	1,73
25	4,24	3,39	2,99	2,76	2,60	2,49	2,40	2,34	2,28	2,24	2,16	2,09	2,01	1,96	1,92	1,87	1,82	1,77	1,71
26	4,23	3,37	2,98	2,74	2,59	2,47	2,39	2,32	2,27	2,22	2,15	2,07	1,99	1,95	1,90	1,85	1,80	1,75	1,69
27	4,21	3,35	2,96	2,73	2,57	2,46	2,37	2,31	2,25	2,20	2,13	2,06	1,97	1,93	1,88	1,84	1,79	1,73	1,67
28	4,20	3,34	2,95	2,71	2,56	2,45	2,36	2,29	2,24	2,19	2,12	2,04	1,96	1,91	1,87	1,82	1,77	1,71	1,65
29	4,18	3,33	2,93	2,70	2,55	2,43	2,35	2,28	2,22	2,18	2,10	2,03	1,94	1,90	1,85	1,81	1,75	1,70	1,64
30	4,17	3,32	2,92	2,69	2,53	2,42	2,33	2,27	2,21	2,16	2,09	2,01	1,93	1,89	1,84	1,79	1,74	1,68	1,62
40	4,08	3,23	2,84	2,61	2,45	2,34	2,25	2,18	2,12	2,08	2,00	1,92	1,84	1,79	1,74	1,69	1,64	1,58	1,51
60	4,00	3,15	2,76	2,53	2,37	2,25	2,17	2,10	2,04	1,99	1,92	1,84	1,75	1,70	1,65	1,59	1,53	1,47	1,39
120	3,92	3,07	2,68	2,45	2,29	2,17	2,09	2,02	1,96	1,91	1,83	1,75	1,66	1,61	1,55	1,50	1,43	1,35	1,25
∞	3,84	3,00	2,60	2,37	2,21	2,10	2,01	1,94	1,88	1,83	1,75	1,67	1,57	1,52	1,46	1,39	1,32	1,22	1,00

Observações: ϕ_1 = número de graus de liberdade do numerador; ϕ_2 = número de graus de liberdade do denominador.

TABELA 5
DISTRIBUIÇÃO F (para P = 2,5%)

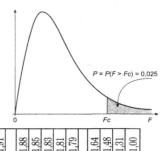

ϕ_2 \ ϕ_1	1	2	3	4	5	6	7	8	9	10	12	15	20	24	30	40	60	120	∞
1	647,8	799,5	864,2	899,6	921,8	937,1	948,2	956,7	963,3	968,6	976,7	984,9	993,1	997,2	1001	1006	1010	1014	1018
2	38,51	39,00	39,17	39,25	39,30	39,33	39,36	39,37	39,39	39,40	39,41	39,43	39,45	39,46	39,46	39,47	39,48	39,49	39,50
3	17,41	16,04	15,44	15,10	14,88	14,73	14,62	14,54	14,47	14,42	14,34	14,25	14,17	14,12	14,08	14,04	13,99	13,95	13,90
4	12,22	10,65	9,98	9,60	9,36	9,20	9,07	8,98	8,90	8,84	8,75	8,66	8,56	8,51	8,46	8,41	8,36	8,31	8,26
5	10,01	8,43	7,76	7,39	7,15	6,98	6,85	6,76	6,68	6,62	6,52	6,43	6,33	6,28	6,23	6,18	6,12	6,07	6,02
6	8,81	7,26	6,60	6,23	5,99	5,82	5,70	5,60	5,52	5,46	5,37	5,27	5,17	5,12	5,07	5,01	4,96	4,90	4,85
7	8,07	6,54	5,89	5,52	5,29	5,12	4,99	4,90	4,82	4,76	4,67	4,57	4,47	4,42	4,36	4,31	4,25	4,20	4,14
8	7,57	6,06	5,42	5,05	4,82	4,65	4,53	4,43	4,36	4,30	4,20	4,10	4,00	3,95	3,89	3,84	3,78	3,73	3,67
9	7,21	5,71	5,08	4,72	4,48	4,32	4,20	4,10	4,03	3,96	3,87	3,77	3,67	3,61	3,56	3,51	3,45	3,39	3,33
10	6,94	5,46	4,83	4,47	4,24	4,07	3,95	3,85	3,78	3,72	3,62	3,52	3,42	3,37	3,31	3,26	3,20	3,14	3,08
11	6,72	5,26	4,63	4,28	4,04	3,88	3,76	3,66	3,59	3,53	3,43	3,33	3,23	3,17	3,12	3,06	3,00	2,94	2,88
12	6,55	5,10	4,47	4,12	3,89	3,73	3,61	3,51	3,44	3,37	3,28	3,18	3,07	3,02	2,96	2,91	2,85	2,79	2,72
13	6,41	4,97	4,35	4,00	3,77	3,60	3,48	3,39	3,31	3,25	3,15	3,05	2,95	2,89	2,84	2,78	2,72	2,66	2,60
14	6,30	4,86	4,24	3,89	3,66	3,50	3,38	3,29	3,21	3,15	3,05	2,95	2,84	2,79	2,73	2,67	2,61	2,55	2,49
15	6,20	4,77	4,15	3,80	3,58	3,41	3,29	3,20	3,12	3,06	2,96	2,86	2,76	2,70	2,64	2,59	2,52	2,46	2,40
16	6,12	4,69	4,08	3,73	3,50	3,34	3,22	3,12	3,05	2,99	2,89	2,79	2,68	2,63	2,57	2,51	2,45	2,38	2,32
17	6,04	4,62	4,01	3,66	3,44	3,28	3,16	3,06	2,98	2,92	2,82	2,72	2,62	2,56	2,50	2,44	2,38	2,32	2,25
18	5,98	4,56	3,95	3,61	3,38	3,22	3,10	3,01	2,93	2,87	2,77	2,67	2,56	2,50	2,44	2,38	2,32	2,26	2,19
19	5,92	4,51	3,90	3,56	3,33	3,17	3,05	2,96	2,88	2,82	2,72	2,62	2,51	2,45	2,39	2,33	2,27	2,20	2,13
20	5,87	4,46	3,86	3,51	3,29	3,13	3,01	2,91	2,84	2,77	2,68	2,57	2,46	2,41	2,35	2,29	2,22	2,16	2,09
21	5,83	4,42	3,82	3,48	3,25	3,09	2,97	2,87	2,80	2,73	2,64	2,53	2,42	2,37	2,31	2,25	2,18	2,11	2,04
22	5,79	4,38	3,78	3,44	3,22	3,05	2,93	2,84	2,76	2,70	2,60	2,50	2,39	2,33	2,27	2,21	2,14	2,08	2,00
23	5,75	4,35	3,75	3,41	3,18	3,02	2,90	2,81	2,73	2,67	2,57	2,47	2,36	2,30	2,24	2,18	2,11	2,04	1,97
24	5,72	4,32	3,72	3,38	3,15	2,99	2,87	2,78	2,70	2,64	2,54	2,44	2,33	2,27	2,21	2,15	2,08	2,01	1,94
25	5,69	4,29	3,69	3,35	3,13	2,97	2,85	2,75	2,68	2,61	2,51	2,41	2,30	2,24	2,18	2,12	2,05	1,98	1,91
26	5,66	4,27	3,67	3,33	3,10	2,94	2,82	2,73	2,65	2,59	2,49	2,39	2,28	2,22	2,16	2,09	2,03	1,95	1,88
27	5,63	4,24	3,65	3,31	3,08	2,92	2,80	2,71	2,63	2,57	2,47	2,36	2,25	2,19	2,13	2,07	2,00	1,93	1,85
28	5,61	4,22	3,63	3,29	3,06	2,90	2,78	2,69	2,61	2,55	2,45	2,34	2,23	2,17	2,11	2,05	1,98	1,91	1,83
29	5,59	4,20	3,61	3,27	3,04	2,88	2,76	2,67	2,59	2,53	2,43	2,32	2,21	2,15	2,09	2,03	1,96	1,89	1,81
30	5,57	4,18	3,59	3,25	3,03	2,87	2,75	2,65	2,57	2,51	2,41	2,31	2,20	2,14	2,07	2,01	1,94	1,87	1,79
40	5,42	4,05	3,46	3,13	2,90	2,74	2,62	2,53	2,45	2,39	2,29	2,18	2,07	2,01	1,94	1,88	1,80	1,72	1,64
60	5,29	3,93	3,34	3,01	2,79	2,63	2,51	2,41	2,33	2,27	2,17	2,06	1,94	1,88	1,82	1,74	1,67	1,58	1,48
120	5,15	3,80	3,23	2,89	2,67	2,52	2,39	2,30	2,22	2,16	2,05	1,94	1,82	1,76	1,69	1,61	1,53	1,43	1,31
∞	5,02	3,69	3,12	2,79	2,57	2,41	2,29	2,19	2,11	2,05	1,94	1,83	1,71	1,64	1,57	1,48	1,39	1,27	1,00

Observações: ϕ_1 = número de graus de liberdade do numerador; ϕ_2 = número de graus de liberdade do denominador.

TABELA 6
DISTRIBUIÇÃO F (para P = 1%)

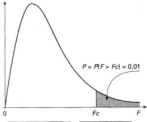

$P = P(F > Fc) = 0,01$

ϕ_2 \ ϕ_1	1	2	3	4	5	6	7	8	9	10	12	15	20	24	30	40	60	120	∞
1	4052	5000	5403	5625	5764	5859	5928	5982	6022	6056	6106	6157	6209	6235	6261	6287	6313	6336	6366
2	98,50	99,00	99,17	99,25	99,30	99,33	99,36	99,37	99,39	99,40	99,42	99,43	99,45	99,46	99,47	99,47	99,48	99,49	99,50
3	34,12	30,82	29,46	28,71	28,24	27,91	27,67	27,49	27,35	27,23	27,05	26,87	26,69	26,60	26,50	26,41	26,32	26,22	26,13
4	21,20	18,00	16,69	15,98	15,52	15,21	14,98	14,80	14,66	14,55	14,37	14,20	14,02	13,93	13,84	13,75	13,65	13,56	13,46
5	16,26	13,27	12,06	11,39	10,97	10,67	10,46	10,29	10,16	10,05	9,89	9,72	9,55	9,47	9,38	9,29	9,20	9,11	9,02
6	13,75	10,92	9,78	9,15	8,75	8,47	8,26	8,10	7,98	7,87	7,72	7,56	7,40	7,31	7,23	7,14	7,06	6,97	6,88
7	12,25	9,55	8,45	7,85	7,46	7,19	6,99	6,84	6,72	6,62	6,47	6,31	6,16	6,07	5,99	5,91	5,82	5,74	5,65
8	11,26	8,65	7,59	7,01	6,63	6,37	6,18	6,03	5,91	5,81	5,67	5,52	5,36	5,28	5,20	5,12	5,03	4,95	4,86
9	10,56	8,02	6,99	6,42	6,06	5,80	5,61	5,47	5,35	5,26	5,11	4,96	4,81	4,73	4,65	4,57	4,48	4,40	4,31
10	10,04	7,56	6,55	5,99	5,64	5,39	5,20	5,06	4,94	4,85	4,71	4,56	4,41	4,33	4,25	4,17	4,08	4,00	3,91
11	9,65	7,21	6,22	5,67	5,32	5,07	4,89	4,74	4,63	4,54	4,40	4,25	4,10	4,02	3,94	3,86	3,78	3,69	3,60
12	9,33	6,93	5,95	5,41	5,06	4,82	4,64	4,50	4,39	4,30	4,16	4,01	3,86	3,78	3,70	3,62	3,54	3,45	3,36
13	9,07	6,70	5,74	5,21	4,86	4,62	4,44	4,30	4,19	4,10	3,96	3,82	3,66	3,59	3,51	3,43	3,34	3,25	3,17
14	8,86	6,51	5,56	5,04	4,69	4,46	4,28	4,14	4,03	3,94	3,80	3,66	3,51	3,43	3,35	3,27	3,18	3,09	3,00
15	8,68	6,36	5,42	4,89	4,56	4,32	4,14	4,00	3,89	3,80	3,67	3,52	3,37	3,29	3,21	3,13	3,05	2,96	2,87
16	8,53	6,23	5,29	4,77	4,44	4,20	4,03	3,89	3,78	3,69	3,55	3,41	3,26	3,18	3,10	3,02	2,93	2,84	2,75
17	8,40	6,11	5,18	4,67	4,34	4,10	3,93	3,79	3,68	3,59	3,46	3,31	3,16	3,08	3,00	2,92	2,83	2,75	2,65
18	8,29	6,01	5,09	4,58	4,25	4,01	3,84	3,71	3,60	3,51	3,37	3,23	3,08	3,00	2,92	2,84	2,75	2,66	2,57
19	8,18	5,93	5,01	4,50	4,17	3,94	3,77	3,63	3,52	3,43	3,30	3,15	3,00	2,92	2,84	2,76	2,67	2,58	2,49
20	8,10	5,85	4,94	4,43	4,10	3,87	3,70	3,56	3,46	3,37	3,23	3,09	2,94	2,86	2,78	2,69	2,61	2,52	2,42
21	8,02	5,78	4,87	4,37	4,04	3,81	3,64	3,51	3,40	3,31	3,17	3,03	2,88	2,80	2,72	2,64	2,55	2,46	2,36
22	7,95	5,72	4,82	4,31	3,99	3,76	3,59	3,45	3,35	3,26	3,12	2,98	2,83	2,75	2,67	2,58	2,50	2,40	2,31
23	7,88	5,66	4,76	4,26	3,94	3,71	3,54	3,41	3,30	3,21	3,07	2,93	2,78	2,70	2,62	2,54	2,45	2,35	2,26
24	7,82	5,61	4,72	4,22	3,90	3,67	3,50	3,36	3,26	3,17	3,03	2,89	2,74	2,66	2,58	2,49	2,40	2,31	2,21
25	7,77	5,57	4,68	4,18	3,85	3,63	3,46	3,32	3,22	3,13	2,99	2,85	2,70	2,62	2,54	2,45	2,36	2,27	2,17
26	7,72	5,53	4,64	4,14	3,82	3,59	3,42	3,29	3,18	3,09	2,96	2,81	2,66	2,58	2,50	2,42	2,33	2,23	2,13
27	7,68	5,49	4,60	4,11	3,78	3,56	3,39	3,26	3,15	3,06	2,93	2,78	2,63	2,55	2,47	2,38	2,29	2,20	2,10
28	7,64	5,45	4,57	4,07	3,75	3,53	3,36	3,23	3,12	3,03	2,90	2,75	2,60	2,52	2,44	2,35	2,26	2,17	2,06
29	7,60	5,42	4,54	4,04	3,73	3,50	3,33	3,20	3,09	3,00	2,87	2,73	2,57	2,49	2,41	2,33	2,23	2,14	2,03
30	7,56	5,39	4,51	4,02	3,70	3,47	3,30	3,17	3,07	2,98	2,84	2,70	2,55	2,47	2,39	2,30	2,21	2,11	2,01
40	7,31	5,18	4,31	3,83	3,51	3,29	3,12	2,99	2,89	2,80	2,66	2,52	2,37	2,29	2,20	2,11	2,02	1,92	1,80
60	7,08	4,98	4,13	3,65	3,34	3,12	2,95	2,82	2,72	2,63	2,50	2,35	2,20	2,12	2,03	1,94	1,84	1,73	1,60
120	6,85	4,79	3,95	3,48	3,17	2,96	2,79	2,66	2,56	2,47	2,34	2,19	2,03	1,95	1,86	1,76	1,66	1,53	1,38
∞	6,63	4,61	3,78	3,32	3,02	2,80	2,64	2,51	2,41	2,32	2,18	2,04	1,88	1,79	1,70	1,59	1,47	1,32	1,00

Observações: ϕ_1 = número de graus de liberdade do numerador; ϕ_2 = número de graus de liberdade do denominador.

TABELA 7
DISTRIBUIÇÃO F (para P = 0,5%)

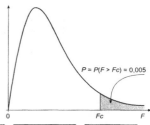

ϕ_2 \ ϕ_1	1	2	3	4	5	6	7	8	9	10	12	15	20	24	30	40	60	120	∞
1	16211	20000	21615	22500	23056	23437	23715	23925	24091	24224	24426	24630	24836	24940	25044	25148	25253	25359	25465
2	198,5	199,0	199,2	199,2	199,3	199,3	199,4	199,4	199,4	199,4	199,4	199,4	199,4	199,5	199,5	199,5	199,5	199,5	199,5
3	55,55	49,80	47,47	46,19	45,39	44,84	44,43	44,13	43,88	43,69	43,39	43,08	42,78	42,62	42,47	42,31	42,15	41,99	41,83
4	31,33	26,28	24,26	23,15	22,46	21,97	21,62	21,35	21,14	20,97	20,70	20,44	20,17	20,03	19,89	19,75	19,61	19,47	19,32
5	22,78	18,31	16,53	15,56	14,94	14,51	14,20	13,96	13,77	13,62	13,38	13,15	12,90	12,78	12,66	12,53	12,40	12,27	12,14
6	18,63	14,54	12,92	12,03	11,46	11,07	10,79	10,57	10,39	10,25	10,03	9,81	9,59	9,47	9,36	9,24	9,12	9,00	8,88
7	16,24	12,40	10,88	10,05	9,52	9,16	8,89	8,68	8,51	8,38	8,18	7,97	7,75	7,65	7,53	7,42	7,31	7,19	7,08
8	14,69	11,04	9,60	8,81	8,30	7,95	7,69	7,50	7,34	7,21	7,01	6,81	6,61	6,50	6,40	6,29	6,18	6,09	5,95
9	13,61	10,11	8,72	7,96	7,47	7,13	6,88	6,69	6,54	6,42	6,23	6,03	5,83	5,73	5,62	5,52	5,41	5,30	5,19
10	12,83	9,43	8,08	7,34	6,87	6,54	6,30	6,12	5,97	5,85	5,66	5,47	5,27	5,17	5,07	4,97	4,86	4,75	4,64
11	12,23	8,91	7,60	6,88	6,42	6,10	5,86	5,68	5,54	5,42	5,24	5,05	4,86	4,76	4,65	4,55	4,44	4,34	4,23
12	11,75	8,51	7,23	6,52	6,07	5,76	5,52	5,35	5,20	5,09	4,91	4,72	4,53	4,43	4,33	4,23	4,12	4,01	3,90
13	11,37	8,19	6,93	6,23	5,79	5,48	5,25	5,08	4,94	4,82	4,64	4,46	4,27	4,17	4,07	3,97	3,87	3,76	3,65
14	11,06	7,92	6,68	6,00	5,56	5,26	5,03	4,86	4,72	4,60	4,43	4,25	4,06	3,96	3,86	3,76	3,66	3,55	3,44
15	10,80	7,70	6,48	5,80	5,37	5,07	4,85	4,67	4,54	4,42	4,25	4,07	3,88	3,79	3,69	3,58	3,48	3,37	3,26
16	10,58	7,51	6,30	5,64	5,21	4,91	4,69	4,52	4,38	4,27	4,10	3,92	3,73	3,64	3,54	3,44	3,33	3,22	3,11
17	10,38	7,35	6,16	5,50	5,07	4,78	4,56	4,39	4,25	4,14	3,97	3,79	3,61	3,51	3,41	3,31	3,21	3,10	2,98
18	10,22	7,21	6,03	5,37	4,96	4,66	4,44	4,28	4,14	4,03	3,86	3,68	3,50	3,40	3,30	3,20	3,10	2,99	2,87
19	10,07	7,09	5,92	5,27	4,85	4,56	4,34	4,18	4,04	3,93	3,76	3,59	3,40	3,31	3,21	3,11	3,00	2,89	2,78
20	9,94	6,99	5,82	5,17	4,76	4,47	4,26	4,09	3,96	3,85	3,68	3,50	3,32	3,22	3,12	3,02	2,92	2,81	2,69
21	9,83	6,89	5,73	5,09	4,68	4,39	4,18	4,01	3,88	3,77	3,60	3,43	3,24	3,15	3,05	2,95	2,84	2,73	2,61
22	9,73	6,81	5,65	5,02	4,61	4,32	4,11	3,94	3,81	3,70	3,54	3,36	3,18	3,08	2,98	2,88	2,77	2,66	2,55
23	9,63	6,73	5,58	4,95	4,54	4,26	4,05	3,88	3,75	3,64	3,47	3,30	3,12	3,02	2,92	2,82	2,71	2,60	2,48
24	9,55	6,66	5,52	4,89	4,49	4,20	3,99	3,83	3,69	3,59	3,42	3,25	3,06	2,97	2,87	2,77	2,66	2,55	2,43
25	9,48	6,60	5,46	4,84	4,43	4,15	3,94	3,78	3,64	3,54	3,37	3,20	3,01	2,92	2,82	2,72	2,61	2,50	2,38
26	9,41	6,54	5,41	4,79	4,38	4,10	3,89	3,73	3,60	3,49	3,33	3,15	2,97	2,87	2,77	2,67	2,56	2,45	2,33
27	9,34	6,49	5,36	4,74	4,34	4,06	3,85	3,69	3,56	3,45	3,28	3,11	2,93	2,83	2,73	2,63	2,52	2,41	2,29
28	9,28	6,44	5,32	4,70	4,30	4,02	3,81	3,65	3,52	3,41	3,25	3,07	2,89	2,79	2,69	2,59	2,48	2,37	2,25
29	9,23	6,40	5,28	4,66	4,26	3,98	3,77	3,61	3,48	3,38	3,21	3,04	2,86	2,76	2,66	2,56	2,45	2,33	2,21
30	9,18	6,35	5,24	4,62	4,23	3,95	3,74	3,58	3,45	3,34	3,18	3,01	2,82	2,73	2,63	2,52	2,42	2,30	2,18
40	8,83	6,07	4,98	4,37	3,99	3,71	3,51	3,35	3,22	3,12	2,95	2,78	2,60	2,50	2,40	2,30	2,18	2,06	1,93
60	8,49	5,79	4,73	4,14	3,76	3,49	3,29	3,13	3,01	2,90	2,74	2,57	2,39	2,29	2,19	2,08	1,96	1,83	1,69
120	8,18	5,54	4,50	3,92	3,55	3,28	3,09	2,93	2,81	2,71	2,54	2,37	2,19	2,09	1,98	1,87	1,75	1,61	1,43
∞	7,88	5,30	4,28	3,72	3,35	3,09	2,90	2,74	2,62	2,52	2,36	2,19	2,00	1,90	1,79	1,67	1,53	1,36	1,00

Observações: ϕ_1 = número de graus de liberdade do numerador; ϕ_2 = número de graus de liberdade do denominador.

REFERÊNCIAS BIBLIOGRÁFICAS

Barnes, J. W. *Statistical analysis for engineers and scientists*. Singapura: McGrow-Hill International Editions, 1964.

Bowker, A. H. e Liederman, G. J., *Engineering statistics*. 2.ª ed. New Jersey: Prentice-Hall, Inc., 1972.

Bussab, W. O. *Análise de variância e regressão*. 2.ª ed. São Paulo: Atual, 1988.

Bussab, W. O., Morettin, P. A. *Estatística básica*. 5.ª ed. São Paulo: Saraiva, 2002.

Costa Neto, P. L. O., Estatística. 2.ª ed. São Paulo: Edgard Blücher, 2002.

Devore, J. L. *Probability and statistics for engineering and the sciences*. Belmont: IPT, 1995.

Downing, D., Clark, J. *Estatística aplicada*. São Paulo: Saraiva, 1999.

Hogg, R. V. *Engineering statistics*. Nova York: Maxwell Macmillan International Editions, 1989.

Hoel, P. G. *Estatística elementar*. São Paulo: Atlas, 1981.

Magalhães, M. N., Lima, A. C. P. *Noções de probabilidade e estatística*. São Paulo: Edusp, 2002.

Montgomery, D. C., Perk, E. A. *Introduction to linear regression analysis*. Nova York: John Wiley, 1992.

Montgomery, D. C., Runger, G. *Applied statistics and probility for engineers*. Nova York: John Wiley, 1999.

Mood, A. M., Graybill, F. A., Boes, D. C. *Introduction to the theory of statistics*. 3.ª ed. São Paulo: McGrow-Hill, 1974.

Moore, D. *A estatística básica e sua prática*. Rio de Janeiro: LTC, 2000.

Roussas, G. G. *A first course in mathematical statistics*. Massachusetts: Addison-Wesley Publishing Company, 1973.

Siegel, S. *Estatística não paramétrica*. São Paulo: McGrow-Hill, 1975.

Triola, M. F. *Introdução à estatística*. Rio de Janeiro: LTC, 1999.

Tukey, J. W. *Exploratory data analysis*. Reading: Addison-Wesley, 1977.

Minitab Inc. (1998). User's Guide 1: Data, graphics, and macros. State College.

Minitab Inc. (1998). User's Guide 2: Data analysis and quality tools. State College.